INSTRUCTION

SUR

LA RÈGLE A CALCUL,

CONTENANT

LES APPLICATIONS DE CET INSTRUMENT AU CALCUL DES EXPRESSIONS NUMÉRIQUES,
A LA RÉSOLUTION DES ÉQUATIONS DU SECOND ET DU TROISIÈME DEGRÉ,
ET AUX PRINCIPALES QUESTIONS DE TRIGONOMÉTRIE;

PAR

A. LABOSNE,

PROFESSEUR DE MATHÉMATIQUES.

PARIS,

GAUTHIER-VILLARS, IMPRIMEUR-LIBRAIRE

DU BUREAU DES LONGITUDES, DE L'ÉCOLE POLYTECHNIQUE,

SUCCESSEUR DE MALLET-BACHELIER,

Quai des Augustins, 55.

1872

INSTRUCTION

SUR

LA RÈGLE A CALCUL.

PARIS. — IMPRIMERIE DE GAUTHIER-VILLARS,
Quai des Grands-Augustins, 55.

INSTRUCTION

SUR

LA RÈGLE A CALCUL,

CONTENANT

LES APPLICATIONS DE CET INSTRUMENT AU CALCUL DES EXPRESSIONS NUMÉRIQUES,
A LA RÉSOLUTION DES ÉQUATIONS DU SECOND ET DU TROISIÈME DEGRÉ,
ET AUX PRINCIPALES QUESTIONS DE TRIGONOMÉTRIE;

PAR

A. LABOSNE,

PROFESSEUR DE MATHÉMATIQUES.

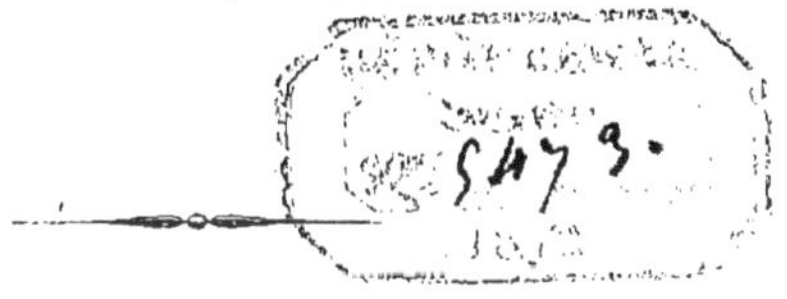

PARIS,
GAUTHIER-VILLARS, IMPRIMEUR-LIBRAIRE
DU BUREAU DES LONGITUDES, DE L'ÉCOLE POLYTECHNIQUE,
SUCCESSEUR DE MALLET-BACHELIER,
Quai des Augustins, 55.

1872

INSTRUCTION

SUR

LA RÈGLE A CALCUL.

CHAPITRE PREMIER.

DESCRIPTION DE LA RÈGLE.

La *règle à calcul* est une règle sur laquelle on a tracé des divisions qui correspondent aux logarithmes des nombres. Elle se compose de deux pièces :

1° D'une *règle* ayant ordinairement 25 centimètres de longueur entre ses divisions extrêmes, et partagée symétriquement par une rainure longitudinale ;

2° D'un *tiroir*, de même longueur que la règle, et glissant à frottement doux dans la rainure de la règle. On y trouve plusieurs échelles logarithmiques, savoir :

1° A la partie supérieure de la règle, une échelle composée de deux échelles égales, placées l'une à la suite de l'autre;

2° Sur le tiroir, deux échelles placées l'une au-dessous de l'autre, et tout à fait semblables à l'échelle supérieure de la règle;

3° A la partie inférieure de la règle, une échelle différente des trois précédentes ;

4° Sur le revers du tiroir, trois échelles : celle du bas est une échelle de parties égales contenant 500 divisions dont chacune vaut un demi-millimètre; celle du haut et celle du milieu sont employées dans les calculs où l'on fait usage de certaines lignes appelées *sinus* et *tangentes;* elles appartiennent à la trigonométrie.

En outre, sur le revers de la règle se trouvent inscrits les rapports de diverses mesures et certains nombres qui servent à rendre plus facile l'emploi de la règle dans quelques questions de géométrie et de mécanique.

Enfin, sur l'épaisseur de la règle se trouve une échelle divisée en centimètres et millimètres, et se continuant au fond de la rainure jusqu'à 52 centimètres.

Considérons d'abord l'échelle supérieure de la règle et les deux échelles du tiroir qui sont identiques à la première.

Le premier trait de gauche porte le nombre 1 : c'est l'*origine* des échelles; on l'appelle aussi *indicateur* quand il s'agit des échelles du tiroir. A la suite du nombre 1 on trouve d'autres traits marqués successivement :

2, 3, 4, 5, 6, 7, 8, 9, 10, 2, 3, 4, 5, 6, 7, 8, 9, 10;

mais, à partir de 10, les nombres marqués

2, 3, 4, 5, 6, 7, 8, 9, 10

doivent être lus

20, 30, 40, 50, 60, 70, 80, 90, 100.

Ce sont là les divisions principales des échelles.

Chaque division principale est subdivisée en 10 parties appelées divisions du second ordre; ces nouvelles divisions sont marquées par des traits moins grands que les précédents. Enfin, quelques divisions du second ordre contiennent des divisions du troisième ordre marquées par des traits encore plus petits.

Entre 1 et 2 comme entre 10 et 20, chaque division du second ordre en contient *cinq* du troisième; entre 2 et 5 comme entre 20 et 50, chaque division du second ordre en contient *deux* du troisième; entre 5 et 10 comme entre 50 et 100, il n'y a pas de divisions du troisième ordre.

Les divisions du second ordre représentent des unités dix fois moindres que celles qui correspondent aux divisions principales; les divisions du troisième ordre comprises entre 1 et 2 ou entre 10 et 20 représentent chacune 2 unités dix fois moindres que celles qui correspondent aux divisions du second ordre, et celles qui sont comprises entre 2 et 5 ou entre 20 et 50 représentent chacune 5 de ces mêmes unités.

Les nombres qui correspondent aux traits successifs de chaque échelle, à partir de l'origine, sont donc :

1; 1,02; 1,04; 1,06; 1,08; 1,1; 1,12; 1,14; 1,16; 1,18;
1,2; 1,22; 1,24; 1,26; 1,28; 1,3; 1,32; 1,34; 1,36; 1,38;

et ainsi de suite jusqu'à 2; puis

2; 2,05; 2,1; 2,15; 2,2; 2,25; 2,3; 2,35; 2,4; 2,45;
2,5; 2,55; 2,6; 2,65; 2,7; 2,75; 2,8; 2,85; 2,9; 2,95;

et ainsi de suite jusqu'à 5; puis

5; 5,1; 5,2; 5,3; 5,4; 5,5; 5,6; 5,7; 5,8; 5,9; 6; 6,1;

et ainsi de suite jusqu'à 10; puis

10; 10,2; 10,4; 10,6; 10,8; 11; 11,2; 11,4; 11,6; 11,8; 12;
12,2; 12,4; 12,6; 12,8; 13; 13,2; 13,4; 13,6; 13,8; 14;

et ainsi de suite jusqu'à 20; puis

20; 20,5; 21; 21,5; 22; 22,5; 23; 23,5; 24; 24,5; 25;

et ainsi de suite jusqu'à 50; puis

50; 51; 52; 53; 54; 55; 56; 57; 58; 59; 60; 61; 62;

et ainsi de suite jusqu'à 100.

Tels sont les nombres qui correspondent aux différents traits de chaque échelle. Quant aux nombres intermédiaires, c'est-à-dire ceux qui correspondraient à de nouvelles divisions faites dans les précédentes, il faut les estimer à vue. Si, par exemple, on amène l'indicateur du tiroir entre deux traits de l'échelle supérieure de la règle et qu'on veuille lire le nombre correspondant, on prendra d'abord le nombre marqué par le trait qui se trouve immédiatement à gauche de l'indicateur, puis on y ajoutera le nombre équivalent à la fraction de division comprise entre ce trait et l'indicateur.

L'échelle inférieure de la règle contient comme les échelles précédentes des divisions de trois ordres, mais les divisions y sont deux fois plus grandes; aussi ne donne-t-elle que les nombres compris entre 1 et 10. On remarquera de plus que les divisions du second ordre y sont toutes marquées d'un numéro entre 1 et 2, et que chacune d'elles contient *dix* divisions du troisième ordre; entre 2 et 4 les divisions du second ordre en contiennent *cinq* du troisième, et de 4 à 10 elles n'en contiennent plus que *deux*. Les nombres correspondant aux différents traits de l'échelle sont donc :

1; 1,01; 1,02; 1,03; 1,04; 1,05; 1,06; 1,07; 1,08; 1,09;
1,1; 1,11; 1,12; 1,13; 1,14; 1,15; 1,16; 1,17; 1,18; 1,19;

et ainsi de suite jusqu'à 2 ; puis

2; 2,02; 2,04; 2,06; 2,08; 2,1; 2,12; 2,14; 2,16; 2,18;
2,2; 2,22; 2,24;

et ainsi de suite jusqu'à 4 ; puis

4; 4,05; 4,1; 4,15; 4,2; 4,25; 4,3; 4,35; 4,4; 4,45;
4,5; 4,55; 4,6; 4,65;

et ainsi de suite jusqu'à 10.

Les quatre échelles que nous venons de décrire doivent être considérées comme des tables de logarithmes dans lesquelles le logarithme de chaque nombre est représenté par la longueur comprise entre l'origine de l'échelle et le trait auquel ce nombre correspond. Les trois échelles supérieures sont trois tables égales; l'échelle inférieure est une table dans laquelle le logarithme de chaque nombre est deux fois plus grand que dans les trois autres.

Il résulte de là que le principe fondamental des logarithmes appliqué aux échelles supérieures sera traduit par l'énoncé suivant : *si l'on compte les longueurs à partir de l'origine des échelles, la longueur correspondant à un produit est égale à la somme des longueurs correspondant aux facteurs de ce produit.*

Au moyen du tiroir, on trouve facilement la somme de deux longueurs. En effet, si nous faisons glisser le tiroir vers la droite, de manière que son indicateur corresponde, par exemple, au nombre 3 de l'échelle supérieure; puis que, sans déplacer le tiroir, nous prenions sur son échelle supérieure un nombre quelconque, 2 par exemple, nous aurons porté la longueur qui correspond à 2 à la suite de la longueur qui correspond à 3, en sorte que leur somme sera la longueur comprise sur l'échelle supérieure entre son origine et le trait correspondant au nombre 2 du tiroir; en d'autres termes, le produit de 3 par 2 se trouvera sur l'échelle supérieure au-dessus du nombre 2 du tiroir.

En partant de cette propriété, il serait facile de trouver quelles sont les diverses manœuvres du tiroir par lesquelles on peut obtenir les résultats des autres opérations; mais on y arrive plus rapidement au moyen des principes suivants :

1° *Quelle que soit la position du tiroir, si l'on prend*

deux nombres b, b' sur l'échelle supérieure de la règle et les deux nombres c, c' placés respectivement au-dessous des premiers sur l'échelle du tiroir, on aura $\frac{b}{c} = \frac{b'}{c'}$.

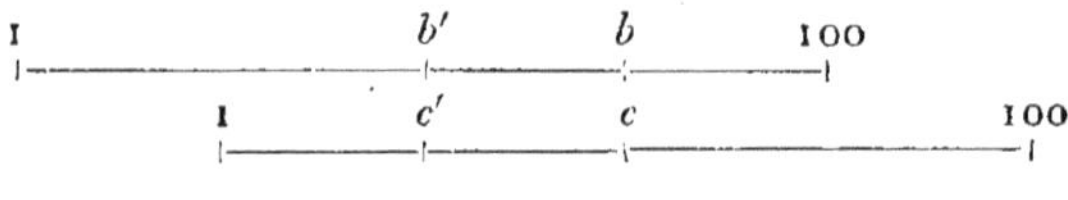

En effet, sur l'échelle supérieure, les deux longueurs $1b$, $1b'$ représentent respectivement $\log b$ et $\log b'$; et sur le tiroir les longueurs $1c$, $1c'$ représentent respectivement $\log c$ et $\log c'$; or la différence des deux premières est évidemment égale à la différence des deux dernières; donc $\log b - \log b' = \log c - \log c'$; par conséquent, $\frac{b}{b'} = \frac{c}{c'}$, et par suite $\frac{b}{c} = \frac{b'}{c'}$.

La même démonstration est applicable au cas où le tiroir est déplacé vers la gauche.

Certains calculs se font plus facilement lorsque le tiroir est retourné dans la rainure de manière que le nombre 100 se trouve à gauche. L'emploi de l'instrument, lorsque le tiroir est dans cette position, repose sur cet autre principe :

2° *Quelle que soit la position du tiroir retourné, si l'on prend deux nombres b et b' sur l'échelle supérieure de la règle, et les deux nombres c et c' placés respectivement au-dessous des premiers sur l'échelle du tiroir, on aura* $b \times c = b' \times c'$.

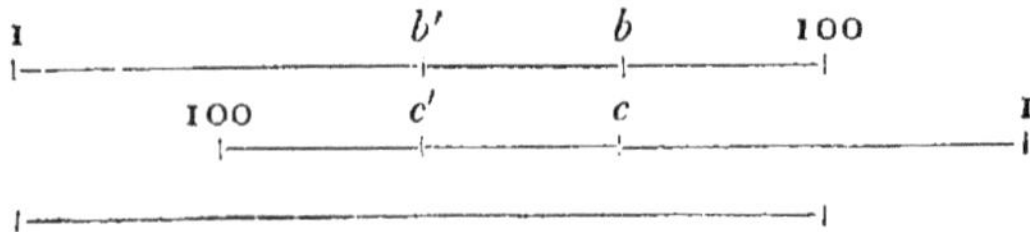

En effet, on voit immédiatement que

$$\log b - \log b' = \log c' - \log c;$$

par conséquent, $\frac{b}{b'} = \frac{c'}{c}$, et par suite $b \times c = b' \times c'$. La même chose aurait lieu si le tiroir était déplacé vers la gauche.

Quant à l'échelle inférieure, elle doit être considérée comme une échelle de *racines carrées* par rapport aux autres échelles, et réciproquement celles-ci sont des échelles de *carrés* par rapport à l'échelle inférieure; en d'autres termes, *tout nombre de l'échelle supérieure de la règle est le carré de celui qui lui correspond sur son échelle inférieure.*

Soit r un nombre de l'échelle inférieure correspondant au nombre a de l'échelle supérieure. Puisque sur l'échelle inférieure les logarithmes des nombres sont représentés par des longueurs doubles de celles qu'on leur a données sur l'échelle supérieure, le nombre r a sur l'échelle supérieure un logarithme qui n'est que la moitié de $1r$ ou de $1a$; donc, sur l'échelle supérieure, on a $\log a = 2 \log r$; par conséquent, $a = r^2$. De là ce troisième principe :

3° *Si l'on doit prendre sur le tiroir le nombre qui se trouve placé au-dessous de r^2 de l'échelle supérieure, il suffira de prendre sur le tiroir le nombre placé au-dessus de r de l'échelle inférieure.*

Pour rendre plus rapides les explications qui vont suivre, nous représenterons la règle à calcul par deux lignes parallèles; les nombres écrits au-dessus de la ligne supérieure devront être lus sur l'échelle supérieure de la règle; les nombres placés entre les deux lignes devront être lus sur le tiroir, et les nombres placés au-dessous de la ligne inférieure appartiendront à l'échelle inférieure de la règle. Soit, par exemple, la figure suivante :

$$\begin{array}{cc} 4 & \\ \hline 1 & 9 \\ \hline & x \end{array}$$

Elle signifie qu'il faut amener l'indicateur 1 du tiroir sous le nombre 4 de l'échelle supérieure de la règle, puis prendre le nombre 9 sur l'échelle du tiroir et lire le résultat au-dessous sur l'échelle inférieure de la règle. Nous disons l'échelle du tiroir, quoiqu'il y en ait deux; c'est qu'en réalité on opère comme s'il n'y en avait qu'une; seulement, comme il faut mettre cette échelle en correspondance tantôt avec l'échelle supérieure de la règle, tantôt avec son échelle inférieure, on a trouvé plus commode de la répéter sur les deux bords du tiroir.

CHAPITRE II.

APPLICATIONS ARITHMÉTIQUES.

I. *Trouver le produit de* 4,7 *par* 5,3.

En désignant ce produit par x, on a $x = 4,7 \times 5,3$; d'où l'on déduit $\frac{x}{5,3} = \frac{4,7}{1}$. La manœuvre à exécuter est donc figurée par

$$\begin{array}{cc} 4,7 & x \\ \hline 1 & 5,3 \\ \hline \end{array}$$

c'est-à-dire qu'il faut amener l'indicateur du tiroir sous

4,7, puis prendre 5,3 sur le tiroir et lire le produit au-dessus. On trouve pour résultat 24,9.

De l'égalité $x = 4,7 \times 5,3$, on peut en déduire plusieurs autres : $\frac{x}{4,7} = \frac{5,3}{1}$, $\frac{1}{5,3} = \frac{4,7}{x}$, $\frac{1}{4,7} = \frac{5,3}{x}$, dont chacune correspond à une manière particulière de trouver le produit. On voit facilement quelle est la manœuvre correspondant à chacune d'elles.

II. *Trouver le produit de* 47,5 *par* 32,6.

On calculera $x = 4,75 \times 3,26$, puis on multipliera le résultat par 100. On trouvera 1550.

III. *Trouver le quotient de* 47,5 *par* 5,8.

En désignant ce quotient par x, on a $x = \frac{47,5}{5,8}$ ou $\frac{x}{1} = \frac{47,5}{5,8}$. La manœuvre à exécuter est donc figurée par

x	47,5
1	5,8

c'est-à-dire qu'il faut amener le nombre 5,8 du tiroir sous le nombre 47,5 de l'échelle supérieure, puis lire le quotient au-dessus de l'indicateur du tiroir. On trouve pour résultat 8,19.

Au lieu de l'égalité $\frac{x}{1} = \frac{47,5}{5,8}$, il vaut mieux prendre $\frac{5,8}{1} = \frac{47,5}{x}$, que traduit la figure suivante :

5,8	47,5
1	x

c'est-à-dire que, ayant amené l'indicateur du tiroir sous 5,8 de l'échelle supérieure, on lira le quotient au-dessous du nombre 47,5 de l'échelle supérieure.

On pourrait encore employer d'autres manœuvres correspondant aux inverses des rapports précédents.

Enfin, l'égalité $x = \frac{47,5}{5,8}$ revenant à $x \times 5,8 = 47,5 \times 1$, on peut y employer le tiroir retourné de la manière suivante :

5,8	x	47,5
x	5,8	1

c'est-à-dire que, ayant amené l'indicateur du tiroir sous le nombre 47,5, on lira le quotient au-dessus du nombre 5,8 du tiroir ou au-dessous du nombre 5,8 de l'échelle supérieure.

IV. *Trouver le quotient de* 0,0672 *par* 0,495.

On prendra $x = \frac{6,72}{4,95}$ et l'on divisera le résultat par 10. On trouvera 0,136.

V. *Trouver la valeur de l'expression* $\frac{37 \times 17}{19}$.

De l'égalité $x = \frac{37 \times 17}{19}$, on tire $\frac{x}{17} = \frac{37}{19}$; par conséquent, on obtiendra x de la manière suivante :

x	37
17	19

c'est-à-dire que, après avoir amené le nombre 19 du tiroir sous le nombre 37 de l'échelle supérieure, on lira le résultat au-dessus du nombre 17 du tiroir. On trouve $x = 33,1$.

VI. *Trouver la valeur de l'expression* $\frac{11 \times 496}{23}$.

On prendra $x = \frac{11 \times 4,96}{23}$ et l'on multipliera le résultat par 100. On trouvera 237.

VII. *Trouver le carré d'un nombre donné.*

D'après le troisième principe, il suffit de prendre le nombre donné sur l'échelle inférieure de la règle et de lire le nombre placé au-dessus de lui sur l'échelle supérieure. Pour rendre la lecture plus facile, on amène l'indicateur du tiroir au-dessus du nombre donné, puis on lit sur l'échelle supérieure le nombre qui se trouve placé au-dessus de l'indicateur. Voici la figure pour le carré de 4,7.

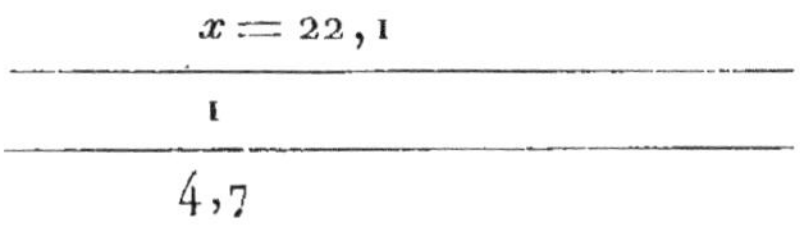

$x = 22,1$

1

4,7

On trouvera de la même manière que $(3,65)^2 = 13,3$.

Si l'on veut le carré de 47, on prendra celui de 4,7, qui est 22,1, et l'on en conclura que $(47)^2 = 2210$. On trouve ainsi que $(172)^2 = 29600$ et que $(0,305)^2 = 0,093$.

VIII. *Trouver le produit de* 5,8 *par* $(2,7)^2$.

De l'égalité $x = 5,8 \times (2,7)^2$, on déduit $\frac{x}{5,8} = \frac{(2,7)^2}{1}$; il faudrait donc amener l'indicateur du tiroir sous le carré de 2,7, puis lire le résultat au-dessus du nombre 5,8 du tiroir. Mais, pour amener l'indicateur au-dessous du carré de 2,7, il suffit, d'après la question précédente, d'amener cet indicateur au-dessus du nombre 2,7 de l'échelle inférieure; la manœuvre se réduit donc à celle qui est indiquée par la figure suivante :

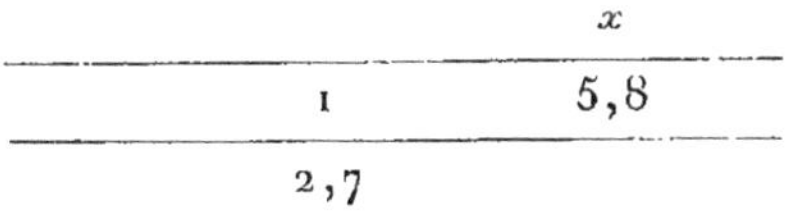

x

1 5,8

2,7

On trouve $x = 42,3$.

IX. *Trouver le quotient de* 6,35 *par* $(2,7)^2$.

De l'égalité $x = \frac{6,35}{(2,7)^2}$, on tire $\frac{(2,7)^2}{1} = \frac{6,35}{x}$, ce qui conduit à la manœuvre suivante :

$$\begin{array}{cc} 6,35 & \\ \hline x & 1 \\ \hline & 2,7 \end{array}$$

Mais, le tiroir ayant quitté la partie de l'échelle où se trouve le nombre 6,35, on remplace le rapport $\frac{6,35}{x}$ par $\frac{63,5}{10x}$, c'est-à-dire qu'on lit sur le tiroir le nombre placé au-dessous de 63,5 ; ce nombre étant 8,71, on en conclut que $10x = 8,71$, et par suite que $x = 0,871$. On a souvent recours à cet artifice dans l'emploi de la règle à calcul.

X. *Trouver la valeur de l'expression* $\frac{14 \times 25,7}{(9,2)^2}$.

De l'égalité $x = \frac{14 \times 25,7}{(9,2)^2}$ on tire $\frac{(9,2)^2}{14} = \frac{25,7}{x}$, ce qui conduit à la manœuvre suivante :

$$\begin{array}{cc} 25,7 & \\ \hline x & 14 \\ \hline & 9,2 \end{array}$$

c'est-à-dire que, après avoir amené le nombre 14 du tiroir au-dessus du nombre 9,2, il faut lire le résultat au-dessous de 25,7. On trouve $x = 4,25$.

XI. *Trouver la racine carrée d'un nombre donné.*

Il suffit de prendre le nombre donné sur l'échelle supérieure de la règle, puis de lire le nombre qui se trouve placé au-dessous sur l'échelle inférieure, comme on le voit dans la figure suivante pour la racine carrée de 8,7 :

8,7
1
$x = 2,95$

On trouvera de la même manière que $\sqrt{32,7} = 5,72$.

Si le nombre dont on veut la racine carrée n'est pas compris entre 1 et 100, on le multiplie ou on le divise d'abord par une puissance de 100, de manière à le ramener entre ces limites, puis on divise ou multiplie la racine trouvée par la même puissance de 10.

Ainsi, au lieu de $\sqrt{327}$, on prend $\sqrt{3,27}$, qui est 1,81, et l'on en conclut que $\sqrt{327} = 18,1$.

De même, au lieu de $\sqrt{0,00605}$, on prend $\sqrt{60,5}$, qui est 7,78; et l'on en conclut que $\sqrt{0,00605} = 0,0778$.

XII. *Trouver la valeur de l'expression* $\sqrt{\frac{135 \times 0,67}{4,9}}$.

L'expression proposée revient à $\sqrt{\frac{13,5 \times 6,7}{4,9}}$, et en la désignant par x, on a $x^2 = \frac{13,5 \times 6,7}{4,9}$, d'où l'on tire $\frac{x^2}{6,7} = \frac{13,5}{4,9}$; si donc on amène le nombre 4,9 du tiroir sous le nombre 13,5 de l'échelle supérieure, le nombre x^2 sera placé au-dessus du nombre 6,7 du tiroir, et, par suite, le nombre x se trouvera sur l'échelle inférieure au-dessous du nombre 6,7 du tiroir; par conséquent, la manœuvre à exécuter est représentée par la figure suivante :

13,5	
4,9	6,7
	x

On trouve $x = 4,29$.

XIII. *Trouver la valeur de l'expression* $\frac{37,5\times\sqrt{7,3}}{\sqrt{42,7}}$.

Représentons cette expression par x. Son carré sera égal à x^2, et nous aurons $x^2=\frac{(37,5)^2\times 7,3}{42,7}$, d'où $\frac{x^2}{7,3}=\frac{(37,5)^2}{42,7}$. Si donc on amenait le nombre 42,7 du tiroir sous le carré de 37,5, on trouverait le carré de x au-dessus du nombre 7,3 du tiroir; par conséquent, si l'on amène le nombre 42,7 du tiroir au-dessus du nombre 37,5 de l'échelle inférieure, on trouvera le nombre x sur cette même échelle, au-dessous du nombre 7,3 du tiroir.

Le nombre 37,5 ne se trouvant pas sur l'échelle inférieure, on y prendra le nombre 3,75, qui est 10 fois moindre; mais alors le résultat devra être multiplié par 10, car c'est comme si l'on opérait sur l'égalité $\frac{(\frac{1}{10}x)^2}{7,3}=\frac{(3,75)^2}{42,7}$. On aura donc à exécuter la manœuvre suivante :

7,3	42,7
$\frac{1}{10}x$	3,75

On trouve $\frac{1}{10}x=1,55$, d'où $x=15,5$.

Remarque. — Les exemples précédents nous paraissent suffisants pour montrer comment on prépare chaque égalité pour découvrir la manœuvre qui doit conduire au résultat. On remarquera que l'artifice principal consiste à faire en sorte que les carrés soient placés aux numérateurs. Nous ajouterons que, si les nombres ne pouvaient pas être placés de cette manière, il ne serait pas possible de trouver la valeur de l'expression par une seule manœuvre du tiroir. Si l'on a, par exemple, $x=\frac{\sqrt{15,2}}{2,65}$, on chercherа d'abord $\sqrt{15,2}$, qu'on trouvera égale à 3,9; puis, par une seconde manœuvre, on divisera 3,9 par 2,65, ce qui donnera 1,47.

XIV. *Trouver le cube d'un nombre donné.*

Soit d'abord à trouver le cube de 3,5. En le désignant par x, on a $x = (3,5)^3$ ou $x = (3,5)^2 \times 3,5$, d'où l'on tire $\frac{x}{3,5} = \frac{(3,5)^2}{1}$, égalité qui correspond à la manœuvre suivante :

	x
1	3,5
3,5	

c'est-à-dire que, après avoir amené l'indicateur du tiroir au-dessus du nombre 3,5 de l'échelle inférieure, il faut lire le résultat au-dessus du nombre 3,5 du tiroir. On trouve $x = 42,9$.

On trouvera de la même manière que $(4,5)^3 = 91,1$.

Mais, aussitôt que le nombre qu'on veut élever au cube surpasse 4,64, la partie du tiroir sur laquelle il se trouve sort de la rainure, et on ne peut plus lire le résultat. On évite cet inconvénient de la manière suivante. Soit à trouver le cube de 6,75. D'après ce qui vient d'être dit, on a $\frac{x}{6,75} = \frac{(6,75)^2}{1}$; il en résulte $\frac{\frac{1}{10}x}{6,75} = \frac{(6,75)^2}{10}$, égalité qui se traduit par la manœuvre suivante :

$\frac{1}{10}x$	
6,75	10
	6,75

On trouve ainsi $\frac{1}{10}x = 30,8$, d'où l'on conclut $x = 308$.

On peut encore trouver le cube d'un nombre en retournant le tiroir; car, dans ce cas, l'égalité $x = (3,5)^3$, qui revient à $x \times 1 = (3,5)^2 \times 3,5$, se traduit immédiatement par la manœuvre suivante :

	x
3,5	1
3,5	

Si l'indicateur quitte la rainure, on prend $\frac{1}{10}x \times 10$ au lieu de $x \times 1$.

XV. *Trouver la racine cubique d'un nombre donné.*

Soit à trouver la racine cubique de 21,5. En la désignant par x, on a $x^3 = 21,5$ ou $x^2 \times x = 21,5 \times 1$. Parmi les diverses manœuvres qui peuvent traduire cette égalité, la plus simple est celle du tiroir retourné; elle est représentée par la figure suivante :

	21,5
x	1
x	

c'est-à-dire que, après avoir amené l'indicateur du tiroir sous le nombre 21,5 de l'échelle supérieure, on cherchera quel est le nombre de l'échelle du tiroir qui correspond au même nombre sur l'échelle inférieure : ce nombre sera la racine cherchée. On trouve $x = 2,78$.

Si l'on voulait extraire la racine cubique d'un nombre compris entre 100 et 1000, de 700 par exemple, on diviserait ce nombre par 10 et l'on écrirait $x^2 \times x = 70 \times 10$; on aurait alors la manœuvre suivante :

70	
10	x
	x

On trouve $x = 8,88$.

Si le nombre est plus grand que 1000, on y déplacera la virgule de trois rangs ou d'un multiple de trois rangs, puis on corrigera le résultat d'après la modification qu'il aura subie. Ainsi, au lieu de $\sqrt[3]{0,0000475}$, on prendra $\sqrt[3]{47,5}$, qu'on trouvera égal à 3,62; d'où l'on conclura que $\sqrt[3]{0,0000475} = 0,0362$.

XVI. *Trouver le logarithme d'un nombre donné.*

On se sert pour cela de l'échelle des parties égales tracée sur le revers du tiroir. Cette échelle étant de même longueur que le logarithme de 10 sur l'échelle inférieure de la règle, et le logarithme de 10 étant 1, on voit que, si l'on considère chacune des 500 parties de cette échelle comme représentant 2 millièmes, elle pourra faire connaître combien il y a de millièmes dans chacun des logarithmes des nombres compris entre 1 et 10. Il ne sera pas nécessaire pour cela de la sortir de la rainure et de la mettre en regard de l'échelle inférieure de la règle; il suffira d'amener l'indicateur du tiroir sur le nombre de l'échelle inférieure dont on voudra le logarithme, puis de compter sur l'échelle des parties égales combien de millièmes sont sortis de la rainure. On trouvera ainsi que $\log 2 = 0,301$ et que $\log 4,75 = 0,677$.

On pourra se servir de cette échelle pour trouver les puissances et les racines d'un degré supérieur au troisième. Soit, par exemple, $\sqrt[5]{425}$.

On cherchera le logarithme de 425, dont la caractéristique est 2 et dont la partie décimale s'obtient en prenant le logarithme de 4,25; on trouvera que $\log 425 = 2,628$, d'où l'on conclura que $\log \sqrt[5]{425} = 0,526$. Alors on fera glisser le tiroir de manière que 526 millièmes de l'échelle des parties égales sortent de la rainure, et le nombre de l'échelle inférieure de la règle qui sera placé sous l'indi-

cateur du tiroir sera la racine cherchée. On trouve pour résultat 3,36.

XVII. *Nombres inscrits sur le revers de la règle.*

Dans les calculs pratiques, on fait usage de certains rapports ou coefficients qu'il est utile d'avoir toujours sous la main. On a profité du revers de la règle pour y consigner les plus importants. Ainsi on y trouve que

Le pied.......... $= 0^{m},325$;
La brasse......... $= 1^{m},625$;
Le pied carré ..... $= 0^{mq},1055$;
Le pied cube...... $= 0^{mc},0343$;
L'once........... $= 30^{gr},59$;
Le dollar........ $= 5^{fr},42$, etc.

On y trouve encore les densités de quelques substances, fer, fonte, mercure, cuivre, plomb, zinc, marbre, etc., et quelques renseignements qui appartiennent aux mathématiques supérieures, tels que le nombre e, son logarithme, le nombre μ et son inverse, etc.

Ce qu'on y trouve de plus important, c'est la transformation de certaines formules mieux appropriées à la manœuvre de l'instrument. Ainsi, au lieu d'exprimer la surface du cercle par $\frac{1}{4}\pi D^2$, on voit qu'il vaut mieux prendre $\frac{D^2}{1,273}$; de même, au lieu du volume de la sphère $\frac{1}{6}\pi D^3$, on y donne $\frac{D^3}{1,91}$, formules qui se traduisent immédiatement sur l'instrument.

On y trouve en particulier trois colonnes intitulées CR, Cyl, Sph, ce qui signifie *corps rectangles, cylindres* et *sphères*. Les corps rectangles sont ceux qui ont pour mesure le produit de la base par la hauteur, BH, et pour poids BHd, qu'on transforme en $\frac{BH}{\frac{1}{d}}$; la densité d est écrite à côté de la substance, et le nombre $\frac{1}{d}$ vis-à-vis du précédent, sous CR; ainsi, au mercure, on trouve $d = 13,6$ et vis-à-vis $0,0736$ qui représente $\frac{1}{d}$. De même, le poids d'un cylindre étant $\frac{1}{4}\pi D^2 H d$ et celui d'une sphère $\frac{1}{6}\pi D^3 d$, on les transforme en $\frac{D^2 H}{\frac{4}{\pi d}}$ et $\frac{D^3}{\frac{6}{\pi d}}$, et les nombres $\frac{4}{\pi d}$, $\frac{6}{\pi d}$ sont inscrits respectivement dans les colonnes Cyl, Sph, vis-à-vis des substances auxquelles elles se rapportent. Les volumes étant exprimés en décimètres, les poids le sont en kilogrammes.

Exemple. — On demande le poids d'une sphère de laiton dont le diamètre est de 175 millimètres.

Le diviseur relatif au laiton étant 0,227, on aura $x = \frac{(1,75)^3}{0,227}$ ou $\frac{x}{17,5} = \frac{(1,75)^2}{2,27}$.

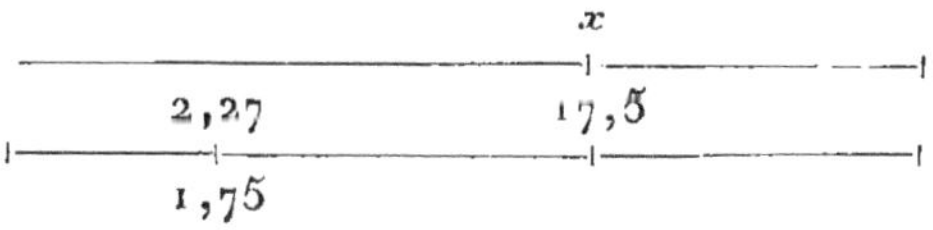

x

2,27 17,5

1,75

On trouve $x = 23^{kg},7$.

En réalité, les renseignements consignés sur le revers de la règle sont fort insuffisants, et plusieurs sont assez inutiles; aussi chaque calculateur fait-il bien d'y coller une feuille de papier où il inscrit ceux dont il a besoin.

CHAPITRE III.

EMPLOI DE LA RÈGLE A CALCUL POUR LA RÉSOLUTION DES ÉQUATIONS.

§ I. — *Résolution de l'équation du second degré.*

L'équation du second degré peut être de l'une des quatre formes suivantes.

$$x^2 - px - q = 0, \quad \text{ou} \quad x(x - p) = q \times 1,$$
$$x^2 + px - q = 0, \quad \text{ou} \quad x(x + p) = q \times 1,$$
$$x^2 - px + q = 0, \quad \text{ou} \quad x(p - x) = q \times 1,$$
$$x^2 + px + q = 0, \quad \text{ou} \quad x(-p - x) = q \times 1.$$

La première équation a une seule racine positive; mais elle a aussi une racine négative qui, prise positivement, résout l'équation $x(p + x) = q$; par conséquent, *le tiroir étant retourné de manière que son indicateur soit placé sous le nombre* q *de l'échelle supérieure de la règle, il faudra chercher sur les échelles supérieures de la règle et du tiroir deux nombres correspondants dont la différence soit* p; *le plus grand sera la valeur positive de* x, *et le plus petit pris avec le signe — en sera la valeur négative.*

La seconde équation se résout comme la première, mais la racine qui est positive dans l'une est négative dans l'autre et *vice versâ.*

Dans la troisième équation, les deux nombres qui se correspondent sur les échelles supérieures de la règle et du tiroir doivent faire une somme égale à p; ces deux nombres sont les racines de l'équation.

La quatrième équation se résout comme la troisième;

mais les deux nombres trouvés doivent être affectés du signe —.

Exemple I. $x^2 - 8x - 14 = 0.$

$x' = 9,48; \quad x'' = -1,48.$

Exemple II. $x^2 - 4x - 25 = 0.$

$x' = 7,39; \quad x'' = -3,39.$

Exemple III. $x^2 + 7x - 42 = 0.$

$x' = 3,87; \quad x'' = -10,87.$

Exemple IV. $x^2 + 11x - 75 = 0.$

$x' = 4,76; \quad x'' = -15,76.$

Exemple V. $x^2 + 7x - 17 = 0.$

$x' = 1,91; \quad x'' = -8,91.$

Exemple VI. $x^2 - 7,5x + 6 = 0.$

$x' = 6,59; \quad x'' = 0,91.$

Exemple VII. $x^2 + 25x + 125 = 0.$

$x' = -18,1; \quad x'' = -6,9.$

Exemple VIII. $7x^2 - 17x - 9 = 0.$

On pose
$$x = \frac{y}{7},$$
et l'on a
$$y^2 - 17y - 63 = 0,$$
$$y' = 20,13; \quad y'' = -3,13,$$
puis
$$x' = 2,87; \quad x'' = -0,447.$$

§ II. — *Résolution de l'équation du troisième degré.*

1° *Résolution de l'équation* $x^3 + px^2 + q = 0.$

En mettant en évidence les signes, on aura l'une des quatre formes suivantes :

$$x^3 - px^2 - q = 0,$$
$$x^3 + px^2 + q = 0,$$
$$x^3 + px^2 - q = 0,$$
$$x^3 - px^2 + q = 0.$$

Premier cas. — L'équation $x^3 - px^2 - q = 0$ peut s'écrire

$$x^2(x - p) = q \times 1.$$

On voit immédiatement qu'elle n'a pas de racine négative et qu'elle n'a qu'une seule racine positive plus grande que p. Elle se traduit sur la règle de la manière suivante :

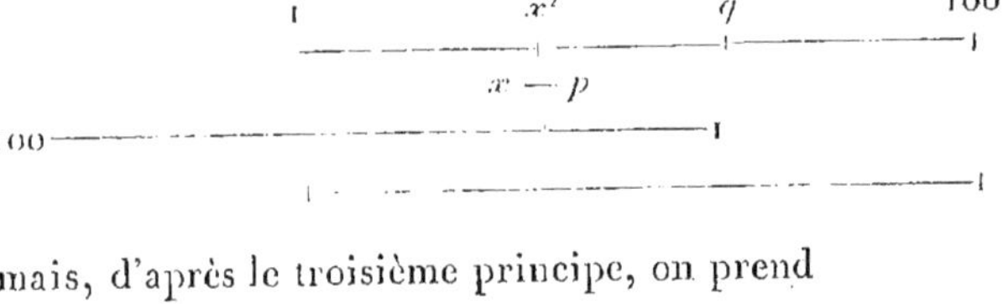

mais, d'après le troisième principe, on prend

1 q 100

x — p

100 1

1 10

x

ce qui signifie : *amenez l'indicateur du tiroir retourné au-dessous du nombre* q *de l'échelle supérieure de la règle, puis cherchez sur l'échelle inférieure de la règle le nombre qui surpasse de* p *celui qui lui correspond sur l'échelle inférieure du tiroir : ce nombre sera la racine de l'équation.*

Deuxième cas. — L'équation $x^3 + px^2 + q = 0$ n'a pas de racine positive. Pour avoir les racines négatives, changeons x en $-z$; elle devient :

$$-z^3 + pz^2 + q = 0,$$

ou

$$z^3 - pz^2 - q = 0,$$

c'est-à-dire l'équation traitée dans le cas précédent.

TROISIÈME CAS. — L'équation $x^3 + px^2 - q = 0$ peut s'écrire

$$x^2(p + x) = q \times 1;$$

on voit immédiatement qu'elle a une seule racine positive et qu'elle peut avoir deux racines négatives. La décomposition précédente montre que, *le tiroir étant retourné de manière que son indicateur soit placé sous le nombre* q *de l'échelle supérieure de la règle, la racine positive de l'équation est le nombre de l'échelle inférieure de la règle ayant pour correspondant sur l'échelle inférieure du tiroir un nombre qui le surpasse de* p.

Les racines négatives, s'il y en a, deviendront positives par le changement de x en $-z$, ce qui donne

$$z^2(p - z) = q \times 1.$$

On voit par là que, *le tiroir étant retourné de manière que son indicateur soit placé sous le nombre* q *de l'échelle supérieure de la règle, les nombres désignés par* z *sont ceux de l'échelle inférieure de la règle qui font une somme* p *avec ceux qui leur correspondent sur l'échelle inférieure du tiroir.*

QUATRIÈME CAS. — L'équation $x^3 - px^2 + q = 0$ peut s'écrire

$$x^2(p - x) = q \times 1.$$

On voit immédiatement qu'elle peut avoir deux racines positives, et qu'elle a nécessairement une racine négative, laquelle sera donnée positivement par l'équation

$$z^2(p + z) = q \times 1.$$

On a donc à résoudre les mêmes équations que dans le troisième cas.

Remarque. — Il résulte du troisième principe relatif

à la règle à calcul que si, dans l'équation du troisième degré $x^3 + px^2 + q = 0$, on remplace q par q^2, l'indicateur du tiroir retourné devra être amené au-dessus du nombre q, lu sur l'échelle inférieure de la règle. C'est la seule modification qu'il y ait alors à faire aux règles précédentes.

Voici divers exemples avec les résultats donnés par la règle à calcul :

Exemple I. $x^3 - 6x^2 - 67 = 0;$

$x^2(x - 6) = 67;$

$x = 7,27.$

Exemple II. $x^3 - 2x^2 - (17,8)^2 = 0;$

$x^2(x - 2) = (17,8)^2;$

$x = 7,55.$

Exemple III. $x^3 + x^2 + \frac{1}{3} = 0;$

$z^2(z - 1) = \frac{1}{3};$

$z = 1,223; \quad x = -1,223.$

Exemple IV. $x^3 + 7x^2 - 48 = 0;$

$x^2(7 + x) = 48;$

$x = 2,27;$

$z^2(7 - z) = 48;$

$z = 4; \quad x = -4;$

$z = 5,27; \quad x = -5,27.$

Exemple V. $x^3 + 2x^2 - 178 = 0;$

$x^2(2 + x) = 178;$

$x = 5,03;$

$z^2(2 - z) = 178;$

z n'est pas réel.

Exemple VI. $x^3 - 8x^2 + 25 = 0;$

$x^2(8 - x) = 25;$

$x = 2,05; \quad x = 7,565;$

$z^2(8 + z) = 25;$

$z = 1,61; \quad x = -1,61.$

Exemple VII. $x^3 - 5x^2 + 12 = 0;$

$x^2(5 - x) = 12;$

$x = 2; \quad x = 4,375;$

$z^2(5 + z) = 12;$

$z = 1,375; \quad x = -1,375.$

Remarque I. — Il arrive souvent qu'en amenant l'indicateur 1 du tiroir sous le nombre q de l'échelle supérieure la racine se trouve sur la partie de l'échelle inférieure que le tiroir a quittée; il faut alors employer l'indicateur 10, ou même l'indicateur 100 à la place de l'indicateur 1. Il est entendu que le nouvel indicateur marquera l'unité, et, par conséquent, que les chiffres qui seront à sa gauche représenteront 2, 3, 4,..., 10 unités, tandis que ceux qui seront à sa droite représenteront 9, 8, 7,..., 1 dixièmes. C'est de cette manière qu'on a obtenu les racines 7,565 et 4,375, dans les exemples VI et VII.

Remarque II. — Quand une racine est plus grande que 10 ou plus petite que 1, il faut la diviser ou la multiplier par une puissance de 10, de manière qu'elle soit comprise entre 1 et 10. En voici quelques exemples :

Exemple VIII. $x^3 - 2x^2 - 4750 = 0.$

Nous devons la mettre sous la forme

$$x^2(x - 2) = 4750;$$

et nous voyons immédiatement que sa racine est plus

grande que 10, mais moindre que 100. Désignons alors par y une racine 10 fois moindre, ce qui revient à remplacer x par $10y$; nous aurons

$$100y^2(10y-2)=4750,$$

ou simplement

$$y^2(y-0,2)=4,75.$$

Cette dernière équation a pour racine 1,75; par conséquent, $x=17,5$.

Exemple IX. $x^3-435x^2-4760000=0$.

La racine réelle de cette équation est comprise entre 435 et 1000; nous remplacerons donc x par $100y$, puis nous diviserons tous les termes par 1000000, ce qui donnera

$$y^2(y-4,35)=4,76.$$

Ayant amené l'indicateur 10 sous 4,76, nous trouvons $y=4,577$; par conséquent, $x=457,7$.

Exemple X. $x^3+347x^2-6=0$.

Cette équation a une racine positive comprise entre 1 et 0,1; nous remplacerons alors x par $\frac{y}{10}$, ce qui donnera $\frac{y^3}{1000}+\frac{347y^2}{100}-6=0$, ou simplement

$$y^3+3470y^2-6000=0.$$

Nous aurons donc $y^2(3470+y)=60\times100$.

Ayant amené l'indicateur 1 au-dessous de 60, et regardant cet indicateur comme marquant le nombre 100, nous trouverons $y=1,314$; par conséquent $x=0,1314$.

Outre cette racine positive, l'équation a encore deux

racines négatives, l'une que l'on trouve égale à $-0,1315$, et l'autre qui ne diffère de -347 que d'une très-petite quantité inappréciable à la règle.

On aura une valeur très-approchée de cette dernière racine si l'on remarque que, l'équation revenant à $x+347=\frac{6}{x^2}$, on doit avoir, à très-peu près,

$$x=-347+\frac{6}{347^2}.$$

2° *Résolution de l'équation* $x^3+px+q=0$.

Remplaçons x par $-\frac{q}{y}$, puis divisons par q, et chassons les dénominateurs ; nous obtenons

$$y^3-py^2-q^2=0,$$

équation qui peut se mettre sous la forme

$$y^2(y-p)=q^2.$$

On résoudra cette équation comme il a été expliqué précédemment ; puis on cherchera la valeur de $-\frac{q}{y}$ correspondant à chaque valeur de y, et les diverses valeurs trouvées seront les racines de l'équation

$$x^3+px+q=0.$$

Exemple I. $x^3-2x+5=0$;

$$y^2(y+2)=5^2;$$

$$y=2,385;\quad x=-\frac{5}{2,385}=-2,09.$$

Exemple II. $x^3-12x-28=0$;

$$y^2(y+12)=28^2;$$

$$y=6,5;\quad x=\frac{28}{6,5}=4,3.$$

Exemple III. $x^3 + 9x - 6 = 0;$

$$y^2(y - 9) = 6^2;$$

$$y = 9,40; \quad x = \frac{6}{9,40} = 0,638.$$

Exemple IV. $x^3 + 7x + 17 = 0;$

$$y^2(y - 7) = 17^2;$$

$$y = 9,93; \quad x = -\frac{17}{9,93} = -1,71.$$

Exemple V. $x^3 - 5x + 3 = 0;$

$$y^2(y + 5) = 3^2;$$

$$y = 1,2; \qquad x = -\frac{3}{1,2} = -2,5;$$

$$y = -1,64; \quad x = \frac{3}{1,64} = 1,83;$$

$$y = -4,57; \quad x = \frac{3}{4,57} = 0,657.$$

Exemple VI. $x^3 - 4x - 1 = 0;$

$$y^2(y + 4) = 1^2;$$

$$y = 0,474; \qquad x = \frac{1}{0,474} = 2,11;$$

$$y = -0,537; \quad x = -\frac{1}{0,537} = -1,86;$$

$$y = -3,93; \quad x = -\frac{1}{3,93} = -0,254.$$

Exemple VII. $x^3 - 7x + 7 = 0;$

$$y^2(y + 7) = 7^2;$$

$$y = 2,30; \qquad x = -\frac{7}{2,3} = -3,05;$$

$$y = -4,13; \quad x = \frac{7}{4,13} = 1,69;$$

$$y = -5,18; \quad x = \frac{7}{5,18} = 1,37.$$

Exemple VIII. $x^3 + 0,35x - 475 = 0$;

$$y^2(y - 0,35) = \overline{475}^2;$$

$$y'^2(y' - 0,035) = \overline{4,75}^2 \times 10;$$

$$y' = 6,1; \quad y = 61;$$

$$x = \frac{475}{61} = 7,79.$$

Il n'y a pas d'autre racine réelle

3° *Résolution de l'équation* $x^3 + ax^2 + bx + c = 0$.

Si nous remplaçons x par $y - \frac{a}{3}$, nous trouverons, tous calculs faits,

$$y^3 - \left(\frac{a}{3}a - b\right)y + \left[2\left(\frac{a}{3}\right)^3 - \frac{a}{3}b + c\right] = 0,$$

ou $y^3 - py + q = 0$, en désignant $\frac{a}{3}a - b$ par p et $2\left(\frac{a}{3}\right)^3 - \frac{a}{3}b + c$ par q.

Posant ensuite

$$y = -\frac{q}{z},$$

nous aurons

$$z^2(p + z) = q^2,$$

c'est-à-dire

$$z^2\left(\frac{a}{3}a - b + z\right) = \left[2\left(\frac{a}{3}\right)^3 - \frac{a}{3}b + c\right]^2,$$

et x sera égal à $-\frac{q}{z} - \frac{a}{3}$.

La règle à calcul donnera immédiatement les trois produits $\frac{a}{3}a$, $\left(\frac{a}{3}\right)^3$, $\frac{a}{3}b$ avec le tiroir direct dans la position que représente la figure suivante :

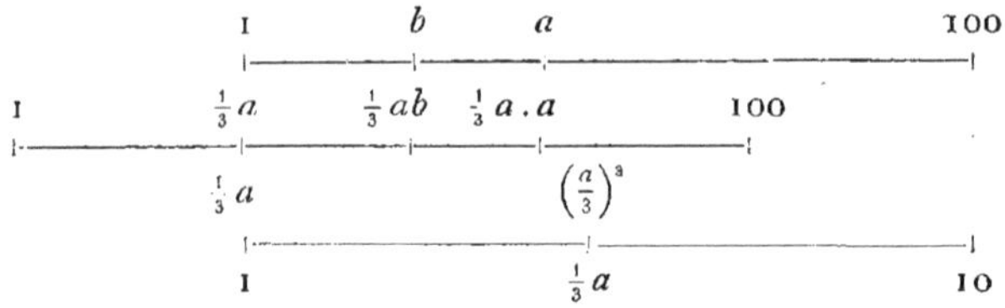

1 b a 100

1 $\frac{1}{3}a$ $\frac{1}{3}ab$ $\frac{1}{3}a.a$ 100

$\frac{1}{3}a$ $\left(\frac{a}{3}\right)^3$

1 $\frac{1}{3}a$ 10

Exemple I. $x^3 - 12x^2 + 45x - 53 = 0.$

$$\frac{a}{3} = -4,\quad \frac{a}{3}a = 48,\quad \frac{a}{3}b = -180,\quad \left(\frac{a}{3}\right)^3 = -64.$$

$$z^2(48 - 45 + z) = (-128 + 180 - 53)^2,$$

ou

$$z^2(3 + z) = (-1)^2.$$

Cette équation a une racine positive plus petite que 1; nous nous en occuperons tout à l'heure. Cherchons d'abord si elle a des racines négatives, et pour cela cherchons les racines positives de l'équation $u^2(3 - u) = (-1)^2$.

Nous trouvons qu'elle en a deux : l'une égale à 2,88 et l'autre plus petite que 1.

Pour trouver les deux racines plus petites que 1, nous rendrons les racines 10 fois plus grandes, c'est-à-dire que nous résoudrons les deux équations

$$z^2(30 + z) = (-1)^2 \times 1000,$$
$$u^2(30 - u) = (-1)^2 \times 1000;$$

nous trouvons alors $z = 5,32$ et $u = 6,5$; par conséquent, les trois racines de l'équation $z^2(3 + z) = (-1)^2$ sont $z = 0,532$, $z = -2,88$, $z = -0,65$.

Ces valeurs étant mises dans la formule $x = \frac{1}{z} + 4$, on trouve

$$x = 3,653; \quad x = 5,88; \quad x = 2,46.$$

Exemple II. $x^3 + 3x^2 - 15x + 7 = 0.$

$$\frac{a}{3} = 1, \quad \frac{a}{3}a = 3, \quad \frac{a}{3}b = -15, \quad \left(\frac{a}{3}\right)^3 = 1.$$

$$z^2(3 + 15 + z) = (2 + 15 + 7)^2,$$

$$z^2(18 + z) = 24^2.$$

On trouve immédiatement une racine positive égale à 5 et une racine négative égale à $-7,35$. Mais il y a, en outre, une racine négative plus grande que 10. On la trouve en résolvant l'équation $z'^2(1,8 - z') = \overline{24}^2 \times 0,001$, et l'on obtient $z' = 1,566$. On a donc

$$z = 5, \quad z = -7,35 \quad \text{et} \quad z = -15,66.$$

En substituant dans la formule $x = -\frac{24}{z} - 1$, on trouve

$$x = -5,8; \quad x = 2,27; \quad x = 0,534.$$

Remarque. — Si le terme en x^3 avait un coefficient k différent de l'unité, il faudrait diviser préalablement tous les termes par ce coefficient. Mais il est souvent plus commode de remplacer x par $\frac{x'}{k}$, ce qui revient, comme il est facile de le voir, à multiplier le troisième terme par k et le quatrième par k^2. Nous allons résoudre, par cette méthode, l'équation suivante :

$$2x^3 - 6x^2 + 4x + 1 = 0.$$

En remplaçant x par $\frac{x'}{2}$, on a

$$x'^3 - 6x'^2 + 8x' + 4 = 0;$$

$$\frac{a}{3} = -2, \quad \frac{a}{3}a = 12, \quad \frac{a}{3}b = -16, \quad \left(\frac{a}{3}\right)^3 = -8;$$

$$z^2(12 - 8 + z) = (-16 + 16 + 4)^2,$$

$$z^2(4 + z) = 4^2.$$

Il n'y a qu'une seule racine réelle égale à 1,68. Il en résulte $x' = -\frac{4}{1,68} + 2$, et, par suite,

$$x = -\frac{2}{1,68} + 1 = -0,19.$$

CHAPITRE IV.

EMPLOI DE LA RÈGLE A CALCUL DANS LES QUESTIONS DE TRIGONOMÉTRIE.

§ I. *Des échelles trigonométriques.*

L'échelle supérieure du revers du tiroir est une échelle de *sinus*; celle du milieu, placée au-dessous de la précédente, est une échelle de *tangentes*.

L'échelle des sinus contient des traits qui, de gauche à droite, marquent successivement les angles :

Depuis 40 minutes jusqu'à 10 degrés, de 10 en 10 minutes;
Depuis 10 degrés jusqu'à 20 degrés, de 20 en 20 minutes;
Depuis 20 degrés jusqu'à 30 degrés, de 30 en 30 minutes;
Depuis 30 degrés jusqu'à 60 degrés, de degré en degré;
Depuis 60 degrés jusqu'à 70 degrés, de 2 en 2 degrés;
Puis 75 degrés, 80 degrés et 90 degrés.

Les traits de l'échelle des tangentes marquent les angles :

Depuis 40 minutes jusqu'à 10 degrés, de 10 en 10 minutes;
Depuis 10 degrés jusqu'à 20 degrés, de 20 en 20 minutes;
Depuis 20 degrés jusqu'à 45 degrés, de 30 en 30 minutes.

L'échelle des sinus est faite de manière que, quand on la met en regard de l'échelle supérieure de la règle, après avoir retourné le tiroir sens dessus dessous, le sinus d'un angle est égal à la centième partie du nombre de l'échelle supérieure de la règle qui correspond à la graduation de cet angle sur l'échelle des sinus.

Voici quelques nombres qui se trouvent en regard quand les deux échelles sont en présence :

1,75;	2,62;	3,48;	5,81;	17,3;	50;	76,5;
1°;	1°30;	2°;	3°20′;	10°;	30°;	50°;

ainsi

$$\sin 1° = 0,0175;\ \sin 2° = 0,0348;\ldots;\ \sin 50° = 0,765.$$

L'énoncé précédent revient à dire que les logarithmes des sinus des angles sont inférieurs de 2 unités aux logarithmes des nombres correspondants de l'échelle supérieure.

On peut aussi, sans retourner le tiroir, obtenir le sinus d'un angle de la façon suivante :

Si l'on amène un nombre de degrés α de l'échelle des sinus à l'extrémité de la règle en faisant glisser le tiroir vers la droite et que a soit le nombre de l'échelle du tiroir placé au-dessous du nombre 100 de l'échelle supérieure de la règle, on aura $\sin\alpha = \frac{1}{100}a$.

En effet, la partie de l'échelle des sinus qui reste alors dans la rainure est égale à la partie de l'échelle du tiroir qui est comprise entre son origine 1 et le nombre a; or le tiroir est divisé comme l'échelle supérieure de la règle; donc $\sin\alpha = \frac{1}{100}a$.

L'égalité précédente revient à $\frac{1}{\sin\alpha} = \frac{100}{a}$, et l'on sait que $\frac{100}{a} = \frac{b}{c} = \frac{m}{1}$, les nombres a, c et 1 étant ceux de l'échelle du tiroir qui correspondent aux nombres 100, b et m de l'échelle supérieure de la règle. Il en résulte que $\text{coséc}\,\alpha = m$.

Quand on veut le sinus d'un angle plus grand que 90 degrés, on prend le sinus de son supplément.

On trouve le cosinus d'un angle en prenant le sinus de son complément. On saura donc aussi trouver la sécante d'un angle, car elle est l'inverse du cosinus.

L'échelle des tangentes a été construite d'après le même principe que l'échelle des sinus. En mettant cette échelle en regard de l'échelle supérieure de la règle, on trouvera les correspondances suivantes :

$$\frac{1,75;\ 4,37;\ 8,75;\ 15,8;\ 36,3;\ 60;\ 84;}{1^\circ;\ 2^\circ 30';\ 5^\circ;\ 9^\circ;\ 20^\circ;\ 31^\circ;\ 40^\circ;}$$

ainsi

$$\text{tang}\,1^\circ = 0,0175;\ldots;\ \text{tang}\,5^\circ = 0,0875;\ldots;\ \text{tang}\,40^\circ = 0,84.$$

Le tiroir n'étant pas renversé, si l'on amène la graduation α de l'échelle des tangentes à l'extrémité de la règle et que a soit le nombre du tiroir placé au-dessous du nombre 100 de l'échelle supérieure de la règle, on aura

$$\text{tang}\,\alpha = \frac{1}{100}a,$$

et, par suite,

$$\frac{1}{\text{tang}\,\alpha} = \frac{100}{a} = \frac{b}{c} = \frac{m}{1} = \text{cotang}\,\alpha.$$

Voici quelques valeurs qu'on pourra vérifier :

$\sin 18^\circ = 0,309$,	$\sin 40^\circ = 0,643$,
$\operatorname{coséc} 18^\circ = 3,23$,	$\operatorname{coséc} 40^\circ = 1,55$,
$\cos 18^\circ = 0,95$,	$\cos 40^\circ = 0,766$,
$\operatorname{séc} 18^\circ = 1,05$,	$\operatorname{séc} 40^\circ = 1,30$,
$\operatorname{tang} 18^\circ = 0,325$,	$\operatorname{tang} 40^\circ = 0,839$,
$\operatorname{cotang} 18^\circ = 3,08$.	$\operatorname{cotang} 40^\circ = 1,19$.

PRINCIPE FONDAMENTAL. — *Le tiroir étant retourné sens dessus dessous, si on le fait glisser de manière à lui donner une position quelconque, les nombres de l'échelle supérieure de la règle seront proportionnels aux sinus des angles qui leur correspondront sur l'échelle des sinus, et aux tangentes de ceux qui leur correspondront sur l'échelle des tangentes.*

Soient a et b deux nombres de l'échelle supérieure de la règle placés au-dessus de deux nombres α et β de l'échelle des sinus :

1 b a 100

90°

x β α

D'après ce qui a été dit précédemment :

la longueur $x\alpha = \log \sin \alpha + 2$,

et la longueur $x\beta = \log \sin \beta + 2$;

il en résulte $x\alpha - x\beta = \log \sin \alpha - \log \sin \beta$,

ou $\alpha\beta = \log \dfrac{\sin \alpha}{\sin \beta}$.

Mais $\alpha\beta = ab$, et l'on sait que la longueur ab est égale à $\log \frac{a}{b}$; donc $\frac{a}{b} = \frac{\sin \alpha}{\sin \beta}$, ou $\frac{a}{\sin \alpha} = \frac{b}{\sin \beta}$.

On démontre de même que, si α et β sont des nombres de l'échelle des tangentes, on a $\frac{a}{\operatorname{tang} \alpha} = \frac{b}{\operatorname{tang} \beta}$.

Applications. — I. *Quel est l'angle qui a pour sinus* $\frac{5}{7}$?

L'égalité $\sin x = \frac{5}{7}$ se traduit par $\frac{7}{\sin 90^\circ} = \frac{5}{\sin x}$ ou par $\frac{1}{\sin x} = \frac{7}{5}$, suivant qu'on veut opérer avec le tiroir retourné ou avec le tiroir non retourné.

Dans le premier cas, on amène 90 degrés de l'échelle des sinus sous 7 de l'échelle supérieure de la règle ; puis on lit sur la première le nombre qui correspond au nombre 5 de la seconde ; ce nombre, $45^\circ 35'$, est l'angle cherché.

Dans le second cas, on amène 5 du tiroir sous 7 de l'échelle supérieure de la règle, et l'on trouve l'angle x sur l'échelle des sinus, à l'extrémité de la règle.

On trouvera de la même manière :

$26^\circ 35'$ pour l'angle dont la tangente est $\frac{1}{2}$;

$41^\circ 50'$ pour l'angle dont le sinus est $\frac{2}{3}$;

$41^\circ 25'$ pour l'angle dont le cosinus est $\frac{3}{4}$;

$18^\circ 25'$ pour l'angle dont la cotangente est 3.

Remarque. — Si l'on demandait l'angle x ayant une tangente donnée plus grande que 1, par exemple $\frac{40}{17}$, on changerait l'égalité

$$\text{tang}\, x = \frac{40}{17} \quad \text{en} \quad \cot x = \frac{17}{40} \quad \text{ou} \quad \text{tang}(90^\circ - x) = \frac{17}{40} ;$$

d'où l'on déduirait l'angle $90^\circ - x$, d'après les principes précédents. Ayant trouvé que $90^\circ - x = 23^\circ$, on en conclurait $x = 90^\circ - 23^\circ = 67^\circ$.

II. *Quel est l'angle qui a pour sinus* $\frac{7}{500}$?

L'égalité $\sin x = \frac{7}{500}$ revient à $\frac{500}{\sin 90^\circ} = \frac{7}{\sin x}$. On doit amener 90 degrés sous 500, puis lire le nombre placé au-dessous de 7. Le nombre 500 n'étant pas sur la règle, on amènera d'abord 90 degrés sous 50, puis on avancera le tiroir d'une demi-échelle, et l'angle x se trouvera au-dessous de 7. On trouve $x = 48'$. On éviterait cette manœuvre accessoire si l'on divisait préalablement les deux termes de la fraction par 7, ce qui donnerait

$$\sin x = \frac{1}{71,43} \quad \text{ou} \quad \frac{71,43}{\sin 90^\circ} = \frac{1}{\sin x}.$$

III. *Trouver le produit de* 3,47 *par* sin 40° 30'.

L'égalité $x = 3,47 \times \sin 40^\circ 30'$ peut se mettre sous l'une des formes

$$\frac{x}{\sin 40^\circ 30'} = \frac{3,47}{\sin 90^\circ} \quad \text{ou} \quad \frac{1}{\sin 40^\circ 30'} = \frac{3,47}{x}.$$

La première convient au tiroir retourné : on amènera 90 degrés sous 3,47, puis on lira le nombre placé au-dessus de 40° 30'.

La seconde forme convient au tiroir non retourné : on amènera 40° 30' à l'extrémité de la règle, puis on lira sur le tiroir le nombre placé au-dessous de 3,47 de l'échelle supérieure de la règle.

On trouve $x = 2,26$.

IV. *Trouver le quotient* de 3,47 *par* sin 40° 30'.

L'égalité $x = \frac{3,47}{\sin 40^\circ 30'}$ peut se mettre sous l'une des formes

$$\frac{x}{\sin 90^\circ} = \frac{3,47}{\sin 40^\circ 30'} \quad \text{ou} \quad \frac{1}{\sin 40^\circ 30'} = \frac{x}{3,47}.$$

La première convient au tiroir retourné : on amènera $40^\circ 30'$ sous $3,47$, puis on lira le nombre placé au-dessus de 90 degrés.

La seconde forme convient au tiroir non retourné : on amènera $40^\circ 30'$ à l'extrémité de la règle, puis on lira le nombre placé au-dessus de $3,47$ de l'échelle du tiroir.

On trouve $x = 5,35$.

V. *Trouver le produit de* $0,785$ *par* $\tang 65^\circ 15'$.

L'angle $65^\circ 15'$ étant plus grand que 45 degrés, il faut le remplacer par son complément. Or

$$\tang 65^\circ 15' = \cot 24^\circ 45' \quad \text{ou} \quad \frac{1}{\tang 24^\circ 45'};$$

donc $0,785 \times \tang 65^\circ 15' = \dfrac{0,785}{\tang 24^\circ 45'}$. Mais l'égalité $x = \dfrac{0,785}{\tang 24^\circ 45'}$ revient à $\dfrac{10x}{\tang 45^\circ} = \dfrac{7,85}{\tang 24^\circ 45'}$; on amènera donc $24^\circ 45'$ sous $7,85$, et l'on trouvera $10x$ au-dessus de 45 degrés. Avec le tiroir non retourné, on prendrait $\dfrac{1}{\tang 24^\circ 45'} = \dfrac{10x}{7,85}$.

On trouve $x = 1,70$.

VI. *Trouver le produit de* 17 *par* $\sin 2^\circ 50'$.

L'égalité $x = 17 \times \sin 2^\circ 50'$ étant mise sous la forme $\dfrac{x}{\sin 2^\circ 50'} = \dfrac{17}{\sin 90^\circ}$, on doit amener 90 degrés sous 17, puis lire le nombre placé au-dessus de $2^\circ 50'$; mais $2^\circ 50'$ ayant quitté la règle, on avancera le tiroir d'une demi-échelle; alors $2^\circ 50'$ se trouvera sous un nombre 10 fois plus grand que x. Ce nombre est $8,4$; par conséquent, $x = 0,84$.

Si l'on prenait l'égalité $\dfrac{1}{\sin 2^\circ 50'} = \dfrac{17}{x}$ qui convient au tiroir non retourné, on amènerait $2^\circ 5q'$ à l'extrémité de la règle, puis on reculerait le tiroir d'une demi-échelle, ce qui donnerait encore $10x = 8,4$, et par suite,

$$x = 0,84.$$

VII. *Trouver le quotient de* 78,5 *par* sin 1° 50′.

L'égalité $x = \dfrac{78,5}{\sin 1°50'}$ revient à $\dfrac{x}{\sin 90°} = \dfrac{78,5}{\sin 1°50'}$. On doit amener 1° 50′ sous 78,5, puis lire le nombre placé au-dessus de 90 degrés; mais 90 degrés ayant quitté la règle, on recule le tiroir d'une échelle vers la gauche; alors le nombre qui se trouve au-dessus de 90 degrés est 100 fois plus petit que x. On peut encore plus simplement ne pas reculer le tiroir et lire le nombre placé au-dessus de son origine; ce nombre étant 24,6, on en conclut que $x = 2460$.

VIII. *Trouver la valeur de l'expression* $\dfrac{45,5 \times \sin 20°}{\sin 37°}$.

L'égalité $x = \dfrac{45,5 \times \sin 20°}{\sin 37°}$ revient à $\dfrac{x}{\sin 20°} = \dfrac{45,5}{\sin 37°}$. On amènera 37 degrés sous 45,5, puis on lira le nombre placé au-dessus de 20 degrés. On trouve $x = 25,8$.

IX. *Résoudre l'équation* $\operatorname{tang} x = \dfrac{\operatorname{tang} 37° \times 16,8}{41,5}$.

Cette égalité revient à $\dfrac{41,5}{\operatorname{tang} 37°} = \dfrac{16,8}{\operatorname{tang} x}$. On amènera 37 degrés de l'échelle des tangentes sous 41,5, puis on lira sur cette échelle le nombre placé au-dessous de 16,8. On trouve $x = 17°$.

X. *Résoudre l'équation* $\sin x = \dfrac{\sin 20° \times 0,675}{9,5}$.

Cette égalité revient à

$$\frac{9,5}{\sin 20°} = \frac{0,675}{\sin x} \quad \text{ou} \quad \frac{95}{\sin 20°} = \frac{6,75}{\sin x}.$$

On trouve $x = 1° 24'$.

XI. *Résoudre l'équation* $\sin x = \frac{\sin 17^\circ \times 0,57}{11,4}$.

Cette égalité revient à $\frac{11,4}{\sin 17^\circ} = \frac{0,57}{\sin x}$. On amènera 17 degrés sous 11,4, et le nombre placé sous 0,57 sera l'angle x. Comme 0,57 n'est pas sur la règle, on fera glisser le tiroir d'une demi-échelle vers la droite, et l'angle x se trouvera sous 5,7.

On trouve $x = 50'$.

§ II. *Résolution des triangles.*

1° *Résolution des triangles rectangles.*

Premier cas. — *Résoudre un triangle rectangle connaissant l'hypoténuse et un angle,* $a = 47^{m},5$ *et* $B = 32^\circ 30'$.

On a d'abord immédiatement $C = 57^\circ 30'$.

On a ensuite $\frac{b}{\sin 32^\circ 30'} = \frac{c}{\sin 57^\circ 30'} = \frac{47,5}{\sin 90^\circ}$.

Donc, ayant retourné le tiroir, on amènera 90 degrés de l'échelle des sinus sous 47,5 de l'échelle supérieure de la règle, puis on lira les nombres de cette échelle qui correspondront à 32° 30′ et 57° 30′ de l'échelle des sinus : ces nombres seront b et c.

On trouve $b = 25^{m},5$ et $c = 40^{m}$.

On peut aussi ne pas retourner le tiroir en prenant les formules $\frac{1}{\sin B} = \frac{a}{b}$, $\frac{1}{\sin C} = \frac{a}{c}$ (III).

Second cas. — *Résoudre un triangle rectangle connaissant un côté de l'angle droit et un angle,* $b = 19^{m},5$ *et* $B = 51^\circ$.

On a d'abord immédiatement $C = 39^\circ$.

On a ensuite $\frac{a}{\sin 90^\circ} = \frac{c}{\sin 39^\circ} = \frac{19,5}{\sin 51^\circ}$.

Donc, ayant retourné le tiroir, on amènera 51 degrés de l'échelle des sinus sous 19,5 de l'échelle supérieure de la règle, puis on lira les nombres de cette échelle qui correspondront à 90 et 39 degrés de l'échelle des sinus : ces nombres seront a et c.

On trouve $a = 25^{m},1$ et $c = 15^{m},8$.

On peut aussi ne pas retourner le tiroir en employant les formules $\frac{1}{\sin B} = \frac{a}{b}$ et $\frac{1}{\text{tang}\, C} = \frac{b}{c}$ (IV, V).

TROISIÈME CAS. — *Résoudre un triangle rectangle connaissant l'hypoténuse et un côté de l'angle droit,* $a = 60^{m},8$ *et* $b = 39^{m},5$.

On a $\frac{c}{\sin C} = \frac{39,5}{\sin B} = \frac{60,8}{\sin 90^{\circ}}$.

Donc, ayant retourné le tiroir, on amènera 90 degrés de l'échelle des sinus sous 60,8 de l'échelle supérieure de la règle, puis on lira sur l'échelle des sinus le nombre de degrés correspondant au nombre 39,5 de l'échelle supérieure de la règle, ce qui fera connaître l'angle B; on en prendra ensuite le complément, qui sera l'angle C, et le nombre de l'échelle supérieure de la règle correspondant à ce complément sera le côté c.

On trouve $B = 40^{\circ}30'$, $C = 49^{\circ}30'$ et $c = 46^{m},3$.

On peut aussi ne pas retourner le tiroir en employant la formule $\frac{1}{\sin B} = \frac{a}{b}$. On pourra d'ailleurs trouver c par la formule $c = \sqrt{a^2 - b^2}$. C'est ce que l'on fera spécialement si l'on trouve que l'angle B est compris entre 60 et 90 degrés, car, dans cet intervalle, l'échelle des sinus ne permet pas d'estimer les angles avec beaucoup d'exactitude. Après avoir déterminé c, on en déduira C, puis B.

QUATRIÈME CAS. — *Résoudre un triangle rectangle*

connaissant les deux côtés de l'angle droit, $b = 5^m,3$ *et* $c = 7^m,6$.

Prenons la tangente du plus petit angle, afin d'en trouver la graduation sur l'échelle des tangentes. On a $b = c \tan B$, égalité qui revient à $\frac{b}{\tan B} = \frac{c}{\tan 45^\circ}$ ou $\frac{5,3}{\tan B} = \frac{7,6}{\tan 45^\circ}$.

Donc, ayant retourné le tiroir, on amènera 45 degrés de l'échelle des tangentes sous 7,6 de l'échelle supérieure de la règle, puis on lira sur l'échelle des tangentes le nombre de degrés correspondant à 5,3 de l'échelle supérieure de la règle : ce sera l'angle B. Le complément de B sera l'angle C. On trouvera ensuite le côté a, comme dans le second cas, par l'égalité $\frac{b}{\sin B} = \frac{a}{\sin 90^\circ}$.

Les résultats sont : $B = 34^\circ 55'$, $C = 55^\circ 5'$, $a = 9^m,3$.

On peut aussi trouver l'angle B sans retourner le tiroir, car on a $\tan B = \frac{b}{c}$, d'où $\frac{1}{\tan B} = \frac{c}{b} = \frac{7,6}{5,3}$, c'est-à-dire que, après avoir amené 5,3 du tiroir sous 7,6 de l'échelle supérieure de la règle, on lira l'angle B sur l'échelle des tangentes à l'extrémité de la règle.

Quant à la valeur de a, on peut aussi l'obtenir, mais moins commodément, au moyen de la formule $a = \sqrt{b^2 + c^2}$.

2° *Résolution des triangles quelconques.*

Premier cas. — *Résoudre un triangle,* ABC, *dans lequel on connaît un côté et deux angles.*

Soient $a = 76^m$, $A = 51^\circ 30'$ et $B = 81^\circ$.

On a d'abord

$$C = 180^\circ - (A + B) = 180^\circ - 132^\circ 30' = 47^\circ 30';$$

puis $\frac{a}{\sin A} = \frac{b}{\sin B} = \frac{c}{\sin C}$ ou $\frac{76}{\sin 51^\circ 30'} = \frac{b}{\sin 81^\circ} = \frac{c}{\sin 47^\circ 30'}$.

Donc, ayant amené $51°30'$ de l'échelle des sinus sous 76 de l'échelle supérieure de la règle, on trouvera b et c sur cette échelle au-dessus des nombres 81 degrés et $47°30'$ de l'échelle des sinus.

Les résultats sont $b = 96^m$ et $c = 71^m,6$.

Remarque. — Entre 60 et 90 degrés, la position des nombres s'obtient avec peu d'exactitude sur l'échelle des sinus; aussi préfère-t-on souvent ne pas les employer et recourir à un autre calcul. Dans l'exemple actuel, on concevrait une perpendiculaire abaissée du sommet B sur AC, et l'on calculerait séparément les segments AD et CD au moyen des deux triangles rectangles BAD, BCD. En opérant ainsi, on trouve AD = 44,6 et CD = 51,4, ce qui donne encore AC = 96.

Second cas. — *Résoudre un triangle,* ABC, *connaissant deux côtés et l'angle opposé à l'un d'eux.*

Soient $a = 7^m,27$, $b = 5^m,75$ et $A = 70°$.

On a $\frac{a}{\sin A} = \frac{b}{\sin B} = \frac{c}{\sin C}$ ou $\frac{7,27}{\sin 70°} = \frac{5,75}{\sin B} = \frac{c}{\sin C}$.

Donc, ayant amené 70 degrés de l'échelle des sinus sous 7,27 de l'échelle supérieure de la règle, on lira le nombre de l'échelle des sinus correspondant à 5,75 de l'échelle supérieure, et ce nombre sera la valeur de B. L'angle C sera le supplément des angles A et B, et le nombre de l'échelle supérieure de la règle qui correspondra à ce supplément pris sur l'échelle des sinus sera la valeur de c.

On trouve $B = 48°$, $C = 62°$, $c = 6^m,83$.

Remarque. — On sait que si l'angle donné est opposé au plus petit des deux côtés donnés, le problème peut avoir deux solutions; mais on sait en même temps comment la seconde se déduit de la première.

Troisième cas. — *Résoudre un triangle,* ABC, *connaissant deux côtés,* a *et* b, *et l'angle compris* C.

On sait que $\frac{1}{2}(A+B)=90^\circ-\frac{1}{2}C$, et que

$$\frac{\tang\frac{1}{2}(A-B)}{\tang\frac{1}{2}(A+B)}=\frac{a-b}{a+b},$$

ce qui revient à $\dfrac{a-b}{\tang\frac{1}{2}(A-B)}=\dfrac{a+b}{\tang\frac{1}{2}(A+B)}$.

Cette formule ne peut être employée que si $\frac{1}{2}(A+B)$ est moindre que 45 degrés, c'est-à-dire que si l'angle donné C est obtus.

Soient $a=532^m$, $b=313^m$, $C=126^\circ 40'$.

$$a+b=845,\quad a-b=219;$$
$$\tfrac{1}{2}(A+B)=90^\circ-\tfrac{1}{2}C=90^\circ-63^\circ 20'=26^\circ 40';$$

la formule est donc

$$\frac{219}{\tang\frac{1}{2}(A-B)}=\frac{845}{\tang 26^\circ 40'}.$$

Ayant retourné le tiroir, on amène $26^\circ 40'$ de l'échelle des tangentes sous 84,5 de l'échelle supérieure de la règle, puis on lit sur l'échelle des tangentes le nombre de degrés correspondant à 21,9 de l'échelle supérieure de la règle; ce nombre est la valeur de $\frac{1}{2}(A-B)$.

On trouve.................. $\frac{1}{2}(A-B)=\ 7^\circ 25'$;
Il en résulte................ $A=34^\circ\ 5'$,
$B=19^\circ 15'$.

On a ensuite $\dfrac{c}{\sin C}=\dfrac{b}{\sin B}$ ou $\dfrac{c}{\sin 53^\circ 20'}=\dfrac{313}{\sin 19^\circ 15'}$, et l'on trouve $c=762^m$.

Soit maintenant un triangle ABC dont l'angle C est aigu. On donne $a=727^m$, $b=575^m$ et $C=62^\circ 10'$.

Sur le plus grand des deux côtés donnés BC abaissons une perpendiculaire AD du sommet opposé.

Dans le triangle rectangle ACD nous connaissons l'hypoténuse $AC = 575^m$ et l'angle $C = 62^\circ 10$.

Il en résulte $CAD = 90^\circ - 62^\circ 10' = \ldots\ldots$ $27^\circ 50'$;

et $\dfrac{AD}{\sin 62^\circ 10'} = \dfrac{CD}{\sin 27^\circ 50'} = \dfrac{575}{\sin 90^\circ}$;

d'où l'on conclut.................... $AD = 510^m$,

et .... $CD = 268^m$;

par suite $BD = BC - CD = 727 - 268\ldots\ldots = 459^m$.

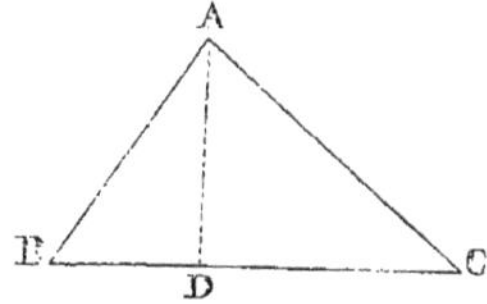

Alors nous connaissons les deux côtés de l'angle droit du triangle rectangle ABD; par conséquent,

$$\tang BAD = \frac{BD}{AD} = \frac{459}{510} \quad \text{ou} \quad \frac{510}{\tang 90^\circ} = \frac{459}{\tang BAD}.$$

On trouve alors................ $BAD = 42^\circ$;

par suite........................ $B = 48^\circ$,

et $A = CAD + BAD$ ou .... $A = 69^\circ 50'$.

Quant au côté AB ou c, on l'obtiendra par la proportion

$$\frac{c}{\sin 90^\circ} = \frac{BD}{\sin BAD} \quad \text{ou} \quad \frac{c}{\sin 90^\circ} = \frac{459}{\sin 42^\circ}.$$

On trouve

$$c = 685^m.$$

QUATRIÈME CAS. — *Résoudre un triangle* ABC *connaissant les trois côtés :* $a = 7^{m},86$, $b = 6^{m},53$, $c = 5^{m},5$.

Soit menée la hauteur AD du triangle sur le plus grand des trois côtés BC, et désignons par x et y les segments CD, BD.

On a

$$b^2 = x^2 + \overline{AD}^2,$$

et

$$c^2 = y^2 + \overline{AD}^2;$$

par conséquent

$$b^2 - c^2 = x^2 - y^2,$$

ou

$$(b + c)(b - c) = (x + y)(x - y) = a(x - y),$$

d'où résulte

$$\frac{x - y}{b - c} = \frac{b + c}{a}.$$

Par cette égalité, nous trouverons pour $x - y$ une certaine valeur d; et comme $x + y = a$, il en résultera

$$x = \tfrac{1}{2}(a + d) \quad \text{et} \quad y = \tfrac{1}{2}(a - d).$$

Dans chacun des triangles rectangles ABD, ACD, nous connaîtrons alors l'hypoténuse et un côté; nous pourrons donc déterminer les angles B et C, ainsi que l'angle A, qui est la somme des angles BAD, CAD.

Voici la disposition des calculs et les résultats :

$x + y$ ou a.................... $= 7,86$

$\frac{x-y}{1,03} = \frac{12,03}{7,86}$; $x - y$.......... $= 1,58$

$x = 4,72$. $\quad$ 9,44

$y = 3,14$. $\quad$ 6,28

BAD = 34°50′ $\quad$ B = 55°10′.

CAD = 46°20′ $\quad$ C = 43°40′.

A = 81°10′

On trouve aussi que la hauteur AD = 4,5 ; puis, que la surface $3,93 \times 4,5 = 17^{mq},7$.

EXERCICES

SUR LA RÈGLE A CALCUL.

1° *Emploi des échelles supérieures.*

1. Faire chacune des multiplications suivantes :

$3,67 \times 5,28$; $0,655 \times 14,7$;
$35900 \times 0,00455$; $575 \times 34,5$;
$42,5 \times 3,15$; $0,673 \times 0,0842$;
$0,00586 \times 0,0975$; $4,75 \times 0,67 \times 1,78$.

2. Calculer les diverses puissances de 1,3 jusqu'à la cinquième.

3. Faire chacune des divisions suivantes :

$\frac{1}{37,4}$; $\frac{100}{31,7}$; $\frac{47}{0,65}$; $\frac{1}{435}$;
$\frac{47}{1,45}$; $\frac{7,4}{19,6}$; $\frac{2,65}{0,765}$; $\frac{0,0433}{0,117}$.

4. La velte valant $7^{lit},45$, quelle est la valeur de 17 veltes $\frac{2}{3}$?

5. Le pied valant $0^{m},325$, combien valent 7 pieds 6 pouces?

6. Transformer 43 dollars en francs, le dollar valant $5^{fr},42$.

7. Évaluer en ares 17 arpents de Paris, l'arpent valant $34^{ar},2$.

8. Simplifier la fraction $\frac{475}{775}$.

9. Transformer la fraction $\frac{505}{980}$ en une autre ayant pour dénominateur 240.

10. Transformer la fraction $\frac{675}{247}$ en une autre ayant pour numérateur 120.

11. Transformer en décimales les fractions $\frac{5}{8}$, $\frac{5}{13}$, $\frac{47}{19}$, $\frac{355}{113}$.

12. Transformer en fractions ordinaires les fractions décimales 0,0678 et 1,247.

13. Effectuer les calculs suivants en décimales :

$$\frac{37 \times 17}{19}; \qquad \frac{0,645 \times 17,5}{11,4}; \qquad \frac{526 \times 4,27}{19,7};$$

$$47 \times \frac{6}{7}; \qquad \frac{36}{11} \times \frac{4}{17}; \qquad \frac{5}{9} : \frac{8}{11}.$$

14. Quels sont les $\frac{11}{23}$ de 496?

15. Partager le nombre 187 en trois parties proportionnelles aux nombres 2, 5 et 7.

16. Le pied français vaut $0^m,325$ et le pied anglais vaut $0^m,305$: combien 27 pieds anglais valent-ils de pieds français ?

2° *Emploi de l'échelle inférieure.*

17. Calculer le carré de chacun des nombres suivants :

4,85; 17,3; 0,0855; 172;

et le cube de chacun des nombres

1,7; 3,6; 0,42; 6,15.

18. Calculer la racine carrée de chacun des nombres suivants :

$$3,5;\qquad 90;\qquad 0,256;\qquad 0,0557;$$
$$3,7;\qquad 1235;\qquad 52497;\qquad 0,03;$$

et la racine cubique de chacun des nombres

$$2,7;\qquad 3,85;\qquad 0,072;\qquad 615.$$

19. Effectuer les calculs suivants :

$$(3,6)^2\times 7,5;\qquad \left(\frac{4,2}{3,8}\right)^2;\qquad \frac{(3,56)^2}{7,65};$$
$$\frac{1}{(0,47)^2};\qquad \frac{100}{(3,6)^2};\qquad \frac{7,8}{(1,67)^2};$$
$$(5,7)^3;\qquad (3,7)^3;\qquad \frac{(3,42)^2\times 0,237}{7,65};$$
$$\frac{0,055\times 0,0975}{(0,27)^2};\qquad \frac{(6,65)^2\times 2,3}{(3,65)^2};\qquad \frac{4,9\times 6,5}{(3,7)^2};$$
$$(4,5)^4;\qquad (1,7)^4;\qquad (2,75)^3;$$
$$(0,176)^3;\qquad (27,3)^3;\qquad \frac{0,00175\times(5345)^2}{(196)^2};$$
$$(3,7)^5;\qquad \frac{(3,7)^3}{2,15};\qquad \frac{(3,7)^3}{(2,15)^2}.$$

20. Effectuer les calculs suivants :

$$\frac{1}{\sqrt{2,57}};\qquad \sqrt{\frac{100}{18,7}};\qquad \frac{7,8}{\sqrt{7,5}};$$
$$\sqrt{0,34\times 0,59};\qquad \sqrt{3,25\times 7,3};\qquad \sqrt{32,5\times 7,3};$$
$$\sqrt{\frac{3,7\times 4,95}{6,55}};\qquad \frac{3,24\times\sqrt{8,75}}{\sqrt{1,75}};\qquad \sqrt{(5,75)^3};$$
$$\sqrt{(0,56)^3};\qquad \sqrt{(21,7)^3};\qquad \sqrt[4]{585};$$
$$\sqrt[3]{22,7};\qquad \sqrt[3]{0,000145};\qquad \sqrt[3]{0,275};$$
$$\sqrt[4]{0,3};\qquad \sqrt[4]{0,077};\qquad \sqrt[4]{(42,7)^3}.$$

21. Calculer chacune des expressions suivantes :

$$\frac{\sqrt{7,8}}{7,5};\quad \frac{(4,75)^2}{(17,4)^3};\quad \left(\frac{3,7\times 4,95}{6,55}\right)^2.$$

3° *Emploi de l'échelle des parties égales.*

22. Quel est le logarithme de chacun des nombres :

$$47,6;\quad 1,875;\quad 0,685;\quad 0,00492?$$

23. Quels sont les nombres qui ont pour logarithmes :

$$2,735;\quad 0,478;\quad \bar{1},075;\quad \bar{2},624?$$

24. Calculer chacune des expressions suivantes :

$$(2,5)^5;\quad (2,37)^5;\quad (1,2)^6;\quad (0,364)^7;$$

$$\sqrt[3]{67,9};\quad \sqrt[3]{0,275};\quad \sqrt[3]{1325};\quad \sqrt[4]{0,077};$$

$$\sqrt[5]{12,4};\quad \sqrt[3]{(8,75)^2};\quad \sqrt{(0,278)^3};\quad \sqrt[3]{(15,62)^4};$$

$$\frac{(\sqrt[5]{146})^4}{(\sqrt[6]{739})^5};\quad \frac{(0,0534)^4\sqrt[3]{0,079}}{(0,0516)^3\sqrt{0,006}};$$

$$\frac{\sqrt[3]{0,082}(0,048)^4\sqrt{0,0072}}{(0,0051)^3};$$

$$\sqrt[7]{(\sqrt{0,00742})^5\times\sqrt[3]{(0,768)^2}}.$$

4° *Opérations simultanées* (tiroir direct).

25. Trouver le produit de 4,27 par chacun des nombres :

$$2,25;\quad 3,17;\quad 0,865;\quad 0,0657.$$

4.

26. Trouver le produit par $(1,17)^2$ de chacun des nombres :

1,2; 0,67; 41,5; 70,8.

27. Trouver le produit de 0,29 par la racine carrée de chacun des nombres :

3,12; 4,05; 0,87; 0,0393.

28. Trouver le quotient par 17,5 de chacun des nombres :

9,7; 14,6; 0,42; 0,0375.

29. Trouver le quotient par $(5,6)^2$ de chacun des nombres :

1,26; 7,42; 0,66; 0,079.

30. Trouver le quotient par 0,32 du carré de chacun des nombres :

0,29; 3,75; 0,42; 0,058.

31. Trouver plusieurs couples de nombres tels que le quotient du premier par le second soit égal à 17,5.

32. Trouver plusieurs couples de nombres tels que le quotient du carré du premier par le second soit égal à 0,87.

33. Trouver plusieurs couples de nombres tels que le quotient du premier par la racine carrée du second soit égal à 0,0745.

34. Trouver la racine carrée du produit de 0,875 par chacun des nombres :

14,9; 3,32; 0,58; 0,067.

35. Trouver le produit de 57,4 par la racine carrée de chacun des nombres :

18,5; 6,37; 0,75; 0,0342.

36. Trouver plusieurs couples de nombres tels que la racine carrée de leur quotient soit égale à 0,089.

37. Trouver plusieurs couples de nombres tels que le quotient de l'un par la racine carrée de l'autre soit égal à 25,2.

5° *Opérations simultanées* (tiroir retourné).

38. Trouver plusieurs couples de nombres dont le produit soit égal à 17,6.

39. Trouver plusieurs couples de nombres tels que le produit de l'un par le carré de l'autre soit égal à 6,75.

40. Trouver plusieurs couples de nombres tels que le produit de l'un par la racine carrée de l'autre soit égal à 0,547.

41. Trouver le quotient de 3,14 par chacun des nombres :

5,7; 1,65; 0,87; 0,068.

42. Trouver le quotient de 2,17 par le carré de chacun des nombres :

17,5; 1,355; 0,97; 0,0685.

43. Trouver le quotient du carré de 5,17 par chacun des nombres :

40,5; 7,46; 1,06; 0,234.

44. Trouver plusieurs couples de nombres tels que la racine carrée de leur produit soit égale à 1,45.

45. Trouver plusieurs couples de nombres tels que le produit du premier par la racine carrée du second soit égal à 0,65.

46. Trouver la racine carrée du quotient de 3,75 par chacun des nombres :

2,76; 9,45; 0,68; 0,0045.

47. Trouver le quotient de 3,27 divisé par la racine carrée de chacun des nombres :

6,4; 1,32; 0,87; 0,069.

6° *Questions diverses.*

48. Les côtés d'un triangle ont 5, 6 et 9 mètres; les côtés d'un autre triangle sont proportionnels à ceux du premier et le plus grand de ces côtés à $5^{m},7$. Quels sont les deux autres côtés?

49. On sait que 100 degrés du thermomètre centigrade valent 80 degrés du thermomètre de Réaumur; combien, d'après cela, 39°,5 du premier valent-ils de degrés du second, et combien 14°,9 du second valent-ils de degrés du premier?

50. Dans $75^{gr},3$ d'un alliage, il entre $12^{gr},3$ de plomb, 58 grammes d'étain, 2 grammes de cuivre et 3 grammes de zinc. On demande : 1° combien il entre de chacun de ces métaux dans 100 grammes de l'alliage; 2° combien il y a de chacun des trois autres métaux, lorsque l'alliage contient 100 grammes de l'un d'eux.

51. La circonférence d'un cercle s'obtient en multipliant son diamètre par $\frac{22}{7}$ ou par 3,142, ou bien encore en le divisant par 0,318. Trouver, par chacun de ces procédés, la circonférence d'un cercle dont le diamètre est de $0^{m},187$.

52. La surface d'un cercle dont on connaît la circon-

férence s'obtient en multipliant le carré de la circonférence par $\frac{5}{63}$. Quelle est la surface d'un cercle dont la circonférence est de $2^{m},17$?

53. La surface d'un cercle dont on connaît le diamètre s'obtient en divisant le carré du diamètre par le nombre 1,273. Quelle est la surface d'un cercle dont le diamètre a $3^{m},7$? Vérifier en multipliant le carré du diamètre par $\frac{11}{14}$, et en multipliant le carré du rayon par $\frac{22}{7}$.

54. On obtient le côté d'un carré équivalent à un cercle en multipliant le diamètre de ce cercle par $\frac{70}{79}$. Quel est le côté du carré équivalent à un cercle dont le diamètre est de $0^{m},57$?

55. Dans la chute des corps, l'espace parcouru s'obtient en multipliant le nombre $4^{m},9$ par le carré du temps de la chute exprimé en secondes. Quel est l'espace parcouru par un corps dont la chute a duré $4\frac{1}{2}$ secondes?

56. La vitesse du son dans un gaz s'obtient en divisant le nombre 333 mètres par la racine carrée de la densité du gaz. Quelle est la vitesse du son dans l'hydrogène dont la densité est 0,69?

7° *Sur les volumes et les poids.*

57. Le volume d'une sphère s'obtient en divisant le cube du diamètre par 1,91. Quel est le volume d'une sphère dont le diamètre est $0^{m},38$?

58. Quel est le volume d'un cylindre dont le rayon est de $0^{m},735$ et la hauteur de $1^{m},75$?

59. Quel est le volume d'un cône dont le rayon est de $0^{m},076$ et la hauteur de $0^{m},575$?

60. Quel est le poids d'un cylindre de cuivre dont le diamètre est de $0^{m},342$ et la hauteur de $0^{m},614$?

61. Quel est le poids d'un prisme de fonte ayant $0^{mq},17$ de base et $0^{m},23$ de hauteur?

62. Quel est le rayon d'un cône de zinc qui pèse 74 kilogrammes et dont la hauteur est de $0^{m},57$?

63. Quelle est la hauteur d'un cylindre de fonte pesant 125 kilogrammes et dont le rayon est de 13 centimètres?

64. Quel est le rayon d'une sphère de laiton pesant 175 kilogrammes?

8° *Équations à résoudre.*

65.

$$x^2 - x - 1 = 0,$$
$$x^2 + x - 2 = 0,$$
$$x^2 - 12x + 3,5 = 0,$$
$$x^2 - 7x + 7 = 0,$$
$$x^2 + 5x + 4 = 0,$$
$$7x^2 - 13x - 3 = 0.$$

66.

$$x^4 - 3x^2 - 3 = 0,$$
$$x^4 + 17x^2 - 500 = 0,$$
$$x^4 - 40x^2 + 13 = 0,$$
$$9x^4 + 19x^2 - 140 = 0.$$

67.

$$x^3 - x^2 - 1 = 0,$$
$$x^3 + x^2 - 1 = 0,$$
$$x^3 + x^2 + 2 = 0,$$
$$x^3 + 3x^2 - 1 = 0.$$

68. $x^3 - x - 1 = 0$,

$x^3 + 2x + 2 = 0$,

$x^3 - 17x + 1 = 0$,

$x^3 - x + 17 = 0$.

69. $5x^3 - 2x^2 - 1 = 0$,

$3x^3 - 5x^2 + 1 = 0$,

$7x^3 - 4x^2 + 3x - 31 = 0$,

$10x^3 - 12x^2 + 15x + 17 = 0$.

9° *Questions de trigonométrie.*

70. Quel est l'angle dont le sinus est $\frac{3}{4}$?
Quel est l'angle dont le cosinus est $-\frac{2}{3}$?
Quel est l'angle dont la tangente est -2?
Quel est l'angle dont le sinus est 0,434?
Quel est l'angle dont le sinus est $\frac{9}{519}$?

71. Calculer $231 \times \sin 25^\circ 40'$.
Calculer $0,476 \times \operatorname{tang} 62^\circ$.
Calculer $\frac{0,195}{\sin 13^\circ 10'}$.
Calculer $0,415 \times \operatorname{séc} 60^\circ 15$.
Calculer $\frac{0,17 \operatorname{tang} 40^\circ}{\operatorname{tang} 37^\circ 20'}$.
Calculer $\frac{(3,7)^2 \sin 27^\circ 10'}{\sin 37^\circ 15'}$.
Résoudre $\sin x = \frac{(4,15)^2 \sin 50^\circ}{23,8}$.
Résoudre $\operatorname{tang} x = \frac{(7,9)^2 \operatorname{tang} 37^\circ}{(9,7)^2}$.

72. Résoudre le triangle $A = 90^\circ$, $a = 17,9$, $B = 53^\circ$.
Résoudre le triangle $A = 90^\circ$, $a = 12$, $b = 9,15$.

Résoudre le triangle $A = 90^\circ$, $B = 30^\circ 30'$, $b = 0,465$.

Résoudre le triangle $A = 90^\circ$, $b = 27$, $c = 37$.

73. Résoudre le triangle $a = 67,25$, $A = 64^\circ 40'$, $B = 57^\circ 45'$.

Résoudre le triangle $A = 57^\circ 30'$, $a = 39$, $b = 29$.

Résoudre le triangle $A = 47^\circ 10'$, $a = 62$, $b = 72$.

Résoudre le triangle $a = 40$, $b = 51$, $C = 100^\circ$.

Résoudre le triangle $a = 76$, $b = 96$ et $C = 47^\circ 30$.

Résoudre le triangle $a = 2$, $b = 3$, $c = 4$.

Résoudre le triangle $a = 4$, $b = 5$, $c = 6$.

Résoudre le triangle $a = 65$, $b = 55$, $c = 80$.

TABLE DES MATIÈRES.

PARIS. — IMPRIMERIE DE GAUTHIER-VILLARS,
quai des Grands-Augustins, 55.

QUAI DES GRANDS-AUGUSTINS, 55, A PARIS.

N. B. Le Catalogue général est envoyé franco à toutes les personnes qui en font la demande par lettre affranchie.

En envoyant à M. GAUTHIER-VILLARS un mandat sur la Poste, on reçoit les Ouvrages *franco* dans toute la France.

EXTRAIT DU CATALOGUE DES LIVRES DE FONDS ET D'ASSORTIMENT

DE

GAUTHIER-VILLARS,

Successeur de Mallet-Bachelier,

IMPRIMEUR-LIBRAIRE-ÉDITEUR DU BUREAU DES LONGITUDES, — DE L'OBSERVATOIRE DE PARIS, — DE L'ÉCOLE POLYTECHNIQUE, — DE L'ÉCOLE CENTRALE DES ARTS ET MANUFACTURES, — DES COMPTES RENDUS HEBDOMADAIRES DES SÉANCES DE L'ACADÉMIE DES SCIENCES, — DES ANNALES DE CHIMIE ET DE PHYSIQUE, — DU JOURNAL DE MATHÉMATIQUES PURES ET APPLIQUÉES, PAR M. LIOUVILLE, — DES ANNALES SCIENTIFIQUES DE L'ÉCOLE NORMALE SUPÉRIEURE, — DES NOUVELLES ANNALES DE MATHÉMATIQUES, — DU BULLETIN DES SCIENCES MATHÉMATIQUES ET ASTRONOMIQUES, PAR M. DARBOUX, ETC.

ARITHMÉTIQUE.

†**BOURDON**, ancien Examinateur d'admission à l'École Polytechnique. — **Éléments d'Arithmétique**; 34e édit., rédigée conformément aux *nouveaux Programmes* de l'enseignement. In-8; 1867. (*Adopté par l'Université.*)...... 4 fr.

†**FATON** (le P.). — **Traité d'Arithmétique théorique et pratique**, terminé par une petite Table de Logarithmes. Chaque théorie est suivie d'un choix d'Exercices gradués de calcul et d'un grand nombre de Problèmes. 6e édition, revue et corrigée. In-12; 1871. (*Autorisé par l'Université.*)....... 2 fr. 75 c.

†**FATON** (le P.). — **Premiers éléments d'Arithmétique**, à l'usage des classes inférieures de grammaire. 2e édition; in-12; 1869............ 1 fr. 50 c.

†**LIONNET** (E.), Examinateur suppléant à l'École Navale. — **Éléments d'Arithmétique**. (*Autorisé par l'Université.*) 3e édition, in-8; 1857........ 4 fr.

†**LIONNET** (E.). — **Complément des Éléments d'Arithmétique**, comprenant les **Approximations numériques**, à l'usage des Candidats aux Écoles du Gouvernement et au Baccalauréat ès Sciences. (*Autorisé par l'Université.*) 2e édition, in-8; 1857.. 2 fr. 50 c.

— **Les Approximations numériques** se vendent séparément...... 1 fr.

†**REYNAUD** (le baron), Examinateur pour l'admission à l'École Polytechnique, à la Marine, à l'École militaire de Saint-Cyr et à l'École Forestière. — **Traité d'Arithmétique**, à l'usage des élèves qui se destinent à ces Écoles. In-8, 26e éd., corrigée et annotée par M. *Gerono*; 1855. (*Adopté par l'Université.*) 4 fr.

†**SERRET** (J.-A.), Membre de l'Institut. — **Éléments d'Arithmétique**, à l'usage des candidats au Baccalauréat ès Sciences, et aux Écoles spéciales. 5e édit., revue et augmentée. In-8; 1868. (*Autorisé par décision ministérielle.*) 4 fr.

†**VIEILLE**. — **Théorie générale des approximations numériques**, à l'usage des Candidats aux Écoles spéciales du Gouvernement. In-8; 2e édit.; 1854. 3 fr. 50 c.

ALGÈBRE.

***AMADIEU** (P.-F.). — **Notions élémentaires d'Algèbre**, exigées pour l'admission à l'École Navale, à l'École de Saint-Cyr et à l'École Forestière. In-12 avec figures; 3e édition, 1867.. 3 fr.

BOBILLIER (E.-E.). — **Principes d'Algèbre**. 7e édition; in-8, 1869. (*Adopté pour les Écoles nationales d'Arts et Métiers.*)...................... 3 fr. 50 c.

†**BOURDON**. — **Éléments d'Algèbre**, avec Notes de M. *Prouhet*. 14e édit., in-8; 1872. (*Adopté par l'Université.*).......................... 8 fr.

†**CHOQUET**, Docteur ès Sciences, ancien Répétiteur à l'École d'Artillerie de la Flèche. — **Traité d'Algèbre**. In-8; 1856. (*Autorisé*)....... 7 fr. 50 c.

†**LACROIX** (S.-F.). — **Éléments d'Algèbre**, à l'usage des candidats aux Écoles du Gouvernement. 22e édition, revue, corrigée et annotée conformément aux *nouveaux Programmes* de l'enseignement dans les Lycées, par M. *Prouhet*, Professeur de Mathématiques. In-8; 1871. (*Autorisé par décision ministérielle.*).... 6 fr.

†**LACROIX** (S.-F.). — **Complément des Éléments d'Algèbre** à l'usage de l'École centrale des Quatre-Nations. 7e *édition*. In-8; 1863.......... 4 fr.

LAURENT (H.), Répétiteur d'Analyse à l'École Polytechnique. — **Traité d'Algèbre** à l'usage des Candidats aux Écoles du Gouvernement. In-8; 1867.. 7 fr. 50 c.

LEFÉBURE DE FOURCY. — **Leçons d'Algèbre.** 8e édition; 1870. 7 fr. 50 c.

†**LIONNET.** — **Algèbre élémentaire**, à l'usage des Candidats au Baccalauréat ès Sciences et aux Ecoles du Gouvernement. 3e édition. in-8; 1868. 4 fr.

†**ROUCHÉ** (E.), ancien Élève de l'École Polytechnique, Professeur au Lycée Charlemagne. — **Eléments d'Algèbre**, à l'usage des Candidats au Baccalauréat ès Sciences et aux Ecoles spéciales. In-8 avec 28 fig.; 1857... 4 fr.

†**SALMON.** — **Leçons d'Algèbre supérieure**, traduit de l'anglais par M. *Bazin*, avec Notes par M. *Hermite*, Membre de l'Institut. In-8; 1868..... 7 fr. 50 c.

†**SERRET** (J.-A.), Membre de l'Institut. — **Traité d'Algèbre supérieure.** 3e édition, 2 forts volumes in-8.................................... (*Rare.*)

VALLÈS (F.). — **Des formes imaginaires en Algèbre; leur interprétation en abstrait et en concret.** In-8; 1869............................ 5 fr.

GÉOMÉTRIE.

BOBILIER (E.-E.). — **Cours de Géométrie.** 14e édition; in-8, avec figures dans le texte; 1870.. 6 fr. 50 c.

†**CHASLES**, Membre de l'Institut. — **Les trois Livres de Porismes d'Euclide**, rétablis pour la première fois, d'après la Notice et les Lemmes de Pappus. In-8, avec 259 figures; 1860.................................. 10 fr.

†**CHASLES.** — **Traité des Sections coniques**, faisant suite au **Traité de Géométrie supérieure.** *Première Partie.* In-8 avec 5 planches; 1865....... 9 fr.

La deuxième Partie, qui est sous presse, se vendra de même séparément.

COMPAGNON (P.-F.), Professeur au Collége Stanislas. — **Éléments de Géométrie.** Cet ouvrage est surtout destiné aux jeunes gens qui se préparent aux Écoles du Gouvernement. In-8, avec figures; 1868............... 7 fr.

COMPAGNON (P.-F.). — **Abrégé des Éléments de Géométrie.** Cet ouvrage s'adresse plus particulièrement aux Élèves de l'Enseignement secondaire spécial et aux Candidats au Baccalauréat ès Lettres ou au Baccalauréat ès Sciences. In-8, avec figures; 1868................................ 4 fr. 50 c.

FLYE SAINTE-MARIE, Capitaine d'artillerie. — **Études analytiques sur la théorie des parallèles.** Grand in-8, avec 8 planches; 1871........ 5 fr.

GOURNERIE (Jules de la). — **Recherches sur les surfaces réglées tétraédrales symétriques**, avec des **Notes** par M. *Arthur Cayley*. In-8; 1867.. 6 fr.

†**HOÜEL** (J.), Professeur de Mathématiques pures à la Faculté des Sciences de Bordeaux. — **Essai critique sur les principes fondamentaux de la Géométrie élémentaire** ou **Commentaire sur les XXXII premières propositions des Éléments d'Euclide.** In-8 avec figures; 1867................. 2 fr. 50 c.

†**HOUSEL**, ancien Élève de l'Ecole Normale supérieure, Professeur de Mathématiques. — **Introduction à la Géométrie supérieure.** In-8, avec 8 planches; 1865.. 6 fr.

†**JONQUIÈRES** (E. de), Lieutenant de vaisseau. — **Mélanges de Géométrie pure** comprenant diverses applications des théories exposées dans le **Traité de Géométrie supérieure** de M. *Chasles*, et la traduction du **Traité** de *Maclaurin* **sur les courbes du troisième ordre.** In-8, avec planches; 1856. 5 fr.

†**LACROIX** (S.-F.). — **Éléments de Géométrie**, suivis de *Notions sur les courbes usuelles*. 18e édition, conforme aux *Programmes* de l'enseignement dans les Lycées, revue et corrigée par M. *Prouhet*, Répétiteur à l'Ecole Polytechnique. In-8, avec 220 fig. dans le texte; 1872. (*Autorisé par décision ministérielle.*). 4 fr.

†**LE COINTE** (le P.). — **Notions élémentaires sur les Courbes usuelles.** In-8, avec figures dans le texte; 1864........................... 75 c.

LEGENDRE. — **Eléments de Géométrie**, avec **Additions et Modifications**; par M. *A. Blanchet*. 14e édit.; in-8, avec fig. dans le texte; 1871...... 4 fr.

***PAUL** (de), Professeur à l'École municipale Turgot. — **Géométrie élémentaire, théorique et pratique**; Ouvrage rédigé surtout en vue des applications à l'industrie.

Première partie : *Géométrie plane*, suivie d'un Exposé élémentaire du *Lever des Plans* et de l'*Arpentage*. In-18 sur jésus, avec 154 figures dans le texte; 1865........ 2 fr. 50 c.

Deuxième partie : *Géométrie dans l'espace*, suivie d'un Exposé élémentaire du *Nivellement*. In-18 jésus, avec 145 figures dans le texte; 1858.......... 2 fr.

PICQUET, Capitaine du Génie. — **Étude géométrique des systèmes ponctuels et tangentiels de Sections coniques**. In-8, avec figures dans le texte et 4 planches; 1872........ 5 fr.

***PONCELET**, Membre de l'Institut. — **Traité des Propriétés projectives des figures**. 2e édition, 1865-1866. 2 volumes in-4, avec de nombreuses planches gravées sur cuivre; 1865-1866........ 40 fr.

Le IIe volume se vend séparément........ 20 fr.

†**REYNAUD**. — **Théorèmes et problèmes de Géométrie**, suivis de la **Théorie des Plans et des Préliminaires de la Géométrie descriptive**; in-8, avec planches; 1838. (*Adopté par l'Université*.)........ 4 fr.

†**ROUCHÉ** (**E.**) et **DE COMBEROUSSE** (**Ch.**). — **Traité de Géométrie élémentaire**, conforme aux Programmes officiels, renfermant un très-grand nombre d'exercices et plusieurs Appendices consacrés à l'exposition des PRINCIPALES MÉTHODES DE LA GÉOMÉTRIE MODERNE. 2e édition revue et augmentée. In-8, avec figures dans le texte; 1868-1869........ 10 fr.

On vend séparément :

Première Partie (*Géométrie plane*.)........ 4 fr.
Deuxième Partie (*Géométrie de l'espace et Courbes usuelles*.)........ 6 fr.

†**ROUCHÉ** (**E.**) et **DE COMBEROUSSE** (**Ch.**). — **Éléments de Géométrie**, rédigés conformément aux Programmes. In-8 avec fig. dans le texte; 1867. 5 fr.

SERRET (**Paul**), Docteur ès Sciences, Membre de la Société philomathique. — **Géométrie de Direction**. APPLICATION DES COORDONNÉES POLYÉDRIQUES. *Propriété de dix points de l'ellipsoïde, de neuf points d'une courbe gauche du quatrième ordre, de huit points d'une cubique gauche*. In-8, avec fig. dans le texte; 1869... 10 fr.

†**TARNIER**, Inspecteur de l'Instruction primaire à Paris. — **Éléments de Géométrie pratique**, conformes au programme de l'enseignement secondaire spécial (année préparatoire, Sciences), à l'usage des Écoles primaires et des divers établissements scolaires. In-8, avec figures dans le texte, accompagné d'un Atlas in-folio contenant 1 planche typographique et 7 belles planches coloriées gravées sur acier; 1872. Prix du texte broché, avec l'Atlas en feuilles dans une couverture imprimée........ 10 fr.

Les mêmes, cartonnés........ 12 fr. 75 c.

On vend séparément :

Le texte, broché..... 4 fr. 50 c. — Le texte, cartonné...... 5 fr. 25 c.
L'Atlas, en feuilles. 6 fr. 50 c. — L'Atlas, cart. sur onglets. 8 fr. 50 c.

Les 8 planches collées sur toile, et formant une *grande carte murale*, vernie, avec gorge et rouleau........ 15 fr.

Les 8 planches collées séparément sur carton, avec anneau de suspension 12 fr. 50 c.

†**VIANT** (**J.**). — **Notions sur quelques courbes usuelles**, à l'usage des Candidats aux Écoles et au Baccalauréat. In-8 avec pl.; 1864... 2 fr. 50 c.

†**VINCENT**, Membre de l'Institut, et **SAIGEY**. — **Géométrie élémentaire**. In-12, avec planches; 1856........ 2 fr. 50 c.

TRIGONOMÉTRIE.

†**BOURDON**. — **Trigonométrie rectiligne et sphérique**. In-8, avec figures dans le texte, 1854. (*Adopté par l'Université*.)........ 3 fr.

†**BOURGEOIS** et **CABART**, anciens Élèves de l'École Polytechnique. — **Leçons nouvelles sur les applications pratiques de la Géométrie et de la Trigonométrie**. 2e édition. In-8, avec planches; 1857........ 3 fr. 50 c.

CARÊME. — **Trigonométrie rectiligne**. In-8, avec fig.; 1869.. 2 fr. 50 c.

†**DELISLE**, Examinateur de la Marine, et **GERONO**, Professeur de Mathématiques. — **Éléments de Trigonométrie rectiligne et sphérique**. 6e édition, revue et augmentée; in-8, avec planches; 1868........ 3 fr. 50 c.

†**LACROIX.** (**S.-F.**) — **Traité élémentaire de Trigonométrie rectiligne et sphérique et d'application de l'Algèbre à la Géométrie.** 11e édit., revue et corrigée; in-8 avec planches; 1863 .... 4 fr.

***LE COINTE** (**le P.**). — **Leçons sur la Théorie des fonctions circulaires et la Trigonométrie.** In-8, avec figures dans le texte; 1858 .... 4 fr.

†**SERRET** (**J.-A**), Membre de l'Institut. — **Traité de Trigonométrie,** 4e édition. In-8, avec planches; 1868. (*Autorisé par décision ministérielle.*)... 4 fr.

APPLICATION DE L'ALGÈBRE A LA GÉOMÉTRIE.

†**BOURDON.** — **Application de l'Algèbre à la Géométrie,** comprenant la Géométrie analytique à deux et à trois dimensions. 6e édition. In-8, avec planches; 1871. (*Adopté par l'Université.*) .... 8 fr.

†**DELISLE** et **GERONO.** — **Géométrie analytique.** In-8, avec pl. 6 fr. 50 c.

LEFÉBURE DE FOURCY. — **Leçons de Géométrie analytique.** 9e édition; 1871 .... 7 fr. 50 c.

LUCAS (**Félix**), Ingénieur des Ponts et Chaussées. — **Études analytiques sur la Théorie des courbes planes.** In-8 avec planches; 1864.......... 6 fr.

PAINVIN (**L.**). — **Principes de Géométrie analytique.** 2 volumes grand in-4 lithographiés, de plus de 800 pages chacun, avec nombreuses fig. dans le texte.

Ire Partie. — *Géométrie plane;* 1866.......... 23 fr.

IIe Partie. — *Géométrie de l'espace;* 1871.......... 23 fr.

***PONCELET.** — **Applications d'Analyse et de Géométrie** qui ont servi de principal fondement au **Traité des Propriétés projectives des figures.** 2 forts volumes in-8 avec figures dans le texte; 1862-1864.......... 20 fr.

Chaque volume se vend séparément.......... 10 fr.

†**SALMON.** — **Traité de Géométrie analytique** (*Sections coniques*); traduit de l'anglais par M. *Resal,* Ingénieur des Mines, et M. *Vaucheret,* ancien Élève de l'École Polytechnique. In-8, avec figures dans le texte; 1870.......... 10 fr.

TABLES DE LOGARITHMES.

†**HOÜEL** (**J.**). — **Tables de Logarithmes à CINQ DÉCIMALES pour les Nombres et les Lignes trigonométriques,** suivies des Logarithmes d'addition et de soustraction ou Logarithmes de Gauss et de diverses Tables usuelles. Nouvelle édition. Grand in-8; 1871. (*Autorisé par décision ministérielle.*) 2 fr.

†**HOÜEL** (**J.**). — **Recueil de Formules et de Tables numériques,** formant le complément des *Tables de Logarithmes à cinq décimales* du même Auteur, 2e édition. Grand in-8; 1868.......... 4 fr. 50 c.

†**LALANDE.** — **Tables de Logarithmes pour les Nombres et les Sinus à CINQ DÉCIMALES,** revues par le baron *Reynaud.* Edition augmentée de *Formules pour la Résolution des Triangles,* par M. *Bailleul,* typographe, et d'une *Nouvelle Introduction.* In-18; 1870. (*Autorisé par décision ministérielle.*). 2 fr.

†**LALANDE.** — **Tables de Logarithmes,** étendues à **SEPT DÉCIMALES,** par *F.-C.-M. Marie,* précédées d'une Instruction, par le baron *Reynaud.* Nouvelle édition augmentée de *Formules pour la Résolution des Triangles,* par M. *Bailleul,* typographe. In-12; 1872 .... 3 fr. 50 c.

SCHRON (**L.**). — **Tables de Logarithmes à sept décimales** pour les nombres depuis **1** jusqu'à **108000** et pour les fonctions trigonométriques de dix secondes en dix secondes, précédées d'une **Introduction** par *J. Hoüel*. 6e édition; un beau volume grand in-8 jésus; 1869.......... 7 fr.

SCHRON (**L.**). — **Table d'interpolation pour le calcul des parties proportionnelles,** faisant suite aux Tables de logarithmes à sept décimales, précédée d'une **Introduction** par *J. Hoüel.* 6e édition. Grand in-8 jésus; 1869.. 3 fr.

Les **Tables des Logarithmes** cartonnées en percaline.......... 8 fr. 75 c.

Les mêmes **Tables,** avec la **Table d'Interpolation,** cartonnées en percaline.......... 11 fr. 75 c.

GÉOMÉTRIE DESCRIPTIVE ET APPLICATIONS.

BRASSINNE (**M.**). — **Eléments de Géométrie descriptive appliquée à la coupe des pierres et à la charpente,** à l'usage des Architectes et des Aspirants aux Écoles du Gouvernement. In 8, avec atlas de 32 planches; 1867. 10 fr.

CABANIÉ, Charpentier, Professeur du Trait de Charpente, de Mathématiques, etc. — **Charpente générale théorique et pratique.** 2 volumes in-folio avec planches. 2e édition; 1864 .... 60 fr.

On vend séparément : le tome Ier, **Bois droit** .... 30 fr.
le tome II, **Bois croche** .... 30 fr.

†**GOURNERIE (de la).** — **Traité de Géométrie descriptive.** In-4, publié en *trois Parties*, avec Atlas .... 30 fr.

Chaque Partie se vend séparément .... 10 fr.

La 1re Partie contient tout ce qui est exigé pour l'admission à l'École Polytechnique. Les deux dernières Parties sont le développement du Cours de Géométrie descriptive actuellement professé à l'École Polytechnique.

†**LACROIX (S.-F.).** — **Essais de Géométrie sur les Plans et les Surfaces courbes (Éléments de Géométrie descriptive).** 7e édition, revue et corrigée; in-8, avec planches; 1840 .... 3 fr.

LEFÉBURE DE FOURCY. — **Traité de Géométrie descriptive.** 7e édition; 2 vol. in-8, dont un se compose de 32 planches; 1870 .... 10 fr.

†**LEROY (C.-F.-A.)**, ancien Professeur à l'École Polytechnique et à l'École Normale supérieure. — **Traité de Géométrie descriptive.** 9e édition, revue et annotée par M. *Martelet*, Professeur à l'École centrale des Arts et Manufactures. In-4, avec atlas de 71 planches; 1872 .... 16 fr.

†**LEROY (C.-F.-A.).** — **Traité de Stéréotomie**, comprenant les **Applications de la Géométrie descriptive à la Théorie des Ombres, la Perspective linéaire, la Gnomonique, la Coupe des Pierres et la Charpente.** 5e édition, revue et annotée par M. *Martelet.* In-4, avec atlas de 74 planches in-folio; 1871. 26 fr.

†**VIANT (J.).** — **Eléments de Géométrie descriptive, rédigés conformément au nouveau Programme de Saint-Cyr**, à l'usage des Candidats à ladite Ecole, à l'Ecole Navale, à l'Ecole Forestière, et au Baccalauréat ès Sciences. In-8, avec atlas de 16 planches; 1862 .... 2 fr. 50 c.

PERSPECTIVE. — DESSIN LINÉAIRE.

BOUCHET (Jules). — **Exercices de Dessin linéaire et de Lavis** à l'usage des aspirants à l'École centrale des Arts et Manufactures. (*Recueil approuvé par le Conseil des Études.*) In-folio oblong .... 6 fr.

***CHEVILLARD (A.)**, Professeur à l'École des Beaux-Arts. — **Leçons nouvelles de Perspective.** In-8, avec Atlas de 32 planches in-4, gravées sur acier; 1868 .... 12 fr.

CRESSON (A.-J.), Professeur à l'École d'Artillerie et au Lycée de Rennes. — **Principes de Dessin, grands modèles gradués** pour préparation à tous les genres. *Portefeuille de 40 Planches* format demi-jésus (55 centimètres sur 38 centimètres) imprimées sur papier fort, et *Texte* in-8; 1865 .... 8 fr.

†**DELAISTRE (L.)**, Professeur de Dessin général. — **Cours complet de Dessin linéaire, gradué et progressif**, contenant la Géométrie pratique, élémentaire et descriptive; l'Arpentage, la Levée des Plans et le Nivellement; le Tracé des Cartes géographiques; des Notions sur l'Architecture; le Dessin industriel; la Perspective linéaire et aérienne; le tracé des ombres et l'étude du Lavis. Quatre Parties, composées de 60 planches et 70 pages de texte in-4 oblong à deux colonnes, tirées sur jésus.

Ouvrage donné en prix, par la Société d'Encouragement pour l'Industrie nationale, aux contre-maîtres des établissements industriels, et choisi en 1862 par Son Excellence M. le Ministre de l'Instruction publique pour les bibliothèques scolaires.

Prix de l'ouvrage complet cartonné .... 15 fr.

***GOURNERIE (de la).** — **Traité de Perspective linéaire.** 1 vol. in-4, avec atlas in-folio de 45 planches, dont 8 doubles; 1859 .... 40 fr.

MARIE. — **Principes des Écritures en caractères ordinaires et en caractères moulés**, appliqués aux Plans et aux Cartes, et suivis de dix modèles gravés avec soin, etc. In-4 oblong .... 6 fr.

†**THIERRY** fils, Graveur, éditeur du *Vignole de poche.* — **Méthode graphique et géométrique**, ou le **Dessin linéaire** appliqué aux arts en général, et en particulier à la Projection des Ombres, à la pratique de la Coupe des Pierres, à la Perspective linéaire et aux cinq ordres d'Architecture; ouvrage utile à tous les Artistes et Ouvriers employés à la construction et à la décoration des édifices. 2e édition, revue et corrigée par M. *C.-F.-M. Marie.* Grand in-8 oblong, avec 50 planches; 1846 .... 8 fr. 50 c.

Ouvrage choisi en 1862 par Son Excellence M. le Ministre de l'Instruction publique pour les bibliothèques scolaires.

COURS DE MATHÉMATIQUES. — PROBLÈMES.

†**BABINET**, de l'Institut, et **HOUSEL**. — **Calculs pratiques appliqués aux Sciences d'observation.** In-8, avec 75 figures dans le texte; 1857... 6 fr.

†**CATALAN (E.)**, ancien élève de l'École Polytechnique — **Manuel des Candidats à l'École Polytechnique.** 2 vol. in-18 avec 306 figures........ 9 fr.

Chaque volume se vend séparément.

Tome Ier : **Algèbre, Trigonométrie, Géométrie analytique à deux dimensions.** In-18, avec 167 figures dans le texte; 1857................ 5 fr.

Tome II : **Géométrie analytique à trois dimensions, Mécanique.** In-18, avec 139 figures dans le texte ; 1858........................... 4 fr.

†**CHEVALLIER et MÜNTZ**. — **Problèmes de Mathématiques**, avec leurs solutions développées, à l'usage des Candidats au Baccalauréat ès Sciences et aux Écoles du Gouvernement. In-8, lithographié; 1872.............. 4 fr.

†**COMBEROUSSE (Ch. de)**, Examinateur d'admission à l'École centrale des Arts et Manufactures. — **Cours de Mathématiques**, à l'usage des Candidats à l'École centrale des Arts et Manufactures et aux Écoles du Gouvernement. 3 vol. in-8, avec figures dans le texte et planches. (*Pris ensemble*).... 25 fr.

Chaque volume se vend séparément, savoir :

Le tome Ier : *Arithmétique, Algèbre élémentaire* (avec 21 figures). 7 fr. 50 c.

Le tome II : *Géométrie plane, Géométrie dans l'espace, Complément de Géométrie, Trigonométrie, Complément d'Algèbre* (avec figures dans le texte). 10 fr.

Le tome III : *Géométrie analytique, Géométrie descriptive* (avec atlas de 53 planches contenant 274 figures)................................ 10 fr.

†**DUHAMEL**. — **Des Méthodes dans les sciences de raisonnement.** 4 volumes in-8; 1865-1866-1868-1870.................................. 25 fr.

On vend séparément :

Première Partie : *Des Méthodes communes à toutes les sciences de raisonnement.* In-8; 1865.. 2 fr. 50 c.

Deuxième Partie : *Application des Méthodes à la Science des nombres et à la Science de l'étendue.* In-8, avec figures; 1866............ 7 fr. 50 c.

Troisième Partie : *Application de la Science des nombres à la Science de l'étendue.* In-8, avec figures ; 1868...................... 7 fr. 50 c.

Quatrième Partie : *Application des Méthodes à la Science des forces.* In-8, avec figures; 1870.................................... 7 fr. 50 c.

†**LE COINTE (I.-L.-A.)**. — **Solutions développées de 300 Problèmes** qui ont été proposés dans les compositions mathématiques pour l'admission au *grade de Bachelier ès Sciences* dans diverses Facultés de France. In-8, avec figures dans le texte; 1865.. 6 fr.

***LONCHAMPT (A)**. — **Recueil des principaux Problèmes** posés dans les examens pour l'*École Polytechnique* et pour l'*École Centrale des Arts et Manufactures*, ainsi que dans les conférences des *Écoles préparatoires* les plus importantes. **Énoncés et solutions.** 1 vol. lithog. grand in-8; 1865... 8 fr.

REDOULY (Ch.). — **A, B, C de l'X, Grammaire et Logique des Mathématiques**, suivi d'*Exercices choisis* et de *Notices biographiques* sur les Géomètres et les Astronomes illustres depuis Thalès jusqu'à Biot. In-8; 1867....... 5 fr.

†**REYNAUD et DUHAMEL**. — **Problèmes et développements sur diverses parties des Mathématiques.** In-8, avec planches, 1823....... 6 fr. 50 c.

CALCUL DIFFÉRENTIEL ET INTÉGRAL ET ANALYSE MATHÉMATIQUE.

***BALTZER**. — **Théorie et application des Déterminants, avec l'indication des sources originales**, traduit de l'allemand par *J. Hoüel.* In-8 ; 1861.. 5 fr.

BELANGER (J.-B.). — **Résumé de Leçons de Géométrie analytique et de Calcul infinitésimal.** 2e édition, in-8, avec planches; 1859......... 6 fr.

†**BERTRAND (J.)**, Membre de l'Institut, Professeur à l'École Polytechnique et au Collége de France. — **Traité de Calcul différentiel et de Calcul intégral.**

Calcul différentiel. In-4 de 836 pages, avec 106 figures dans le texte; 1864.. (*Rare.*)

Calcul intégral (*Intégrales définies et indéfinies*). In-4 de 696 pages, avec 88 figures dans le texte; 1870.................................. 30 fr.

Le troisième et dernier volume, Calcul intégral (*Équations différentielles*), est sous presse.

†**BOUCHARLAT (J.-L.)**, ancien Élève de l'École Polytechnique, Professeur de Mathématiques transcendantes aux Écoles militaires. — **Éléments de Calcul différentiel et de Calcul intégral.** 7e édition. In-8, avec planches; 1858. 8 fr.

†**BRIOSCHI.** — **Théorie des Déterminants et leurs principales applications**, traduit de l'italien par M. *E. Combescure*. In-8; 1856.......... 5 fr.

†**BRIOT** (Charles). — **Essais sur la Théorie mathématique de la Lumière.** In-8 avec figures dans le texte; 1864.......................... 4 fr.

†**CARNOT.** — **Réflexions sur la Métaphysique du Calcul infinitésimal.** In-8, avec planche, 4e édit.; 1860.......................... 4 fr.

†**CLAUSIUS (R.).** — **De la Fonction potentielle et du potentiel**; traduit de l'allemand sur la 2e édition, par *F. Folie*. In-8; 1870................ 4 fr.

†**DUHAMEL**, Membre de l'Institut. — **Éléments de Calcul infinitésimal.** 3e édition. 2 vol. in-8; pl. (*Sous presse.*)........................ 12 fr.

FAA DE BRUNO (le Chevalier Fr.). — **Traité élémentaire du Calcul des Erreurs, avec des Tables stéréotypées.** Ouvrage utile à ceux qui cultivent les Sciences d'observation. In-8; 1869.......................... 4 fr.

***FRENET (F.).** — **Recueil d'exercices sur le Calcul infinitésimal**, ouvrage destiné aux Candidats à l'École Polytechnique, à l'École Normale, aux élèves de ces Écoles et aux personnes qui se présentent à la licence ès sciences mathématiques. 2e édition, in-8 avec planches; 1866..................... (*Rare.*)

***FREYCINET** (Charles de). — **De l'Analyse infinitésimale, Étude sur la métaphysique du haut calcul.** In-8, avec figures. 1860............ 6 fr.

***HATON DE LA GOUPILLIÈRE**, Examinateur d'admission à l'École Polytechnique. — **Éléments du Calcul infinitésimal.** In-8, avec figures dans le texte; 1860.......................... 6 fr.

HOÜEL (J.). — **Cours de Calcul infinitésimal**, professé à la Faculté des Sciences de Bordeaux. In-4, lithographié (1re Partie); 1871.......... 10 fr.
La 2e Partie est sous presse.

†**IMSCHENETSKI.** — **Sur l'intégration des équations aux dérivées partielles du premier ordre**; traduit du russe, par *J. Hoüel*. In-8; 1870.. 5 fr.

JORDAN (Camille), Ingénieur des Mines. — **Traité des Substitutions et des Équations algébriques.** In-4; 1870.......................... 30 fr.

†**LACROIX (S.-F.).** — **Traité élémentaire de Calcul différentiel et de Calcul intégral.** 7e édition, revue et augmentée de Notes par MM. *Hermite* et *J.-A. Serret*, membres de l'Institut. 2 vol. in-8, avec pl.; 1867....... 15 fr.

†**LAGRANGE.** — **OEuvres de Lagrange**, publiées par les soins de M. *J.-A. Serret*, Membre de l'Institut, sous les auspices de S. Exc. le Ministre de l'Instruction publique. T. I, II, III, IV et V, in-4; 1867-1868-1869-1870-1871. Chaque volume se vend séparément.......................... 30 fr.

Les OEuvres de Lagrange doivent former sept volumes in-4 qui se vendront séparément. Il paraît un volume par an.

†**LAGRANGE.** — **Théorie des Fonctions analytiques.** Nouvelle édition, revue par M. *J.-A. Serret*. In-4; 1847.......................... 18 fr.

†**LAMÉ (G.).** — **Leçons sur les Fonctions inverses des transcendantes et les surfaces isothermes.** In-8 avec figures dans le texte; 1857........... 5 fr.

†**LAMÉ (G.).** — **Leçons sur les Coordonnées curvilignes et leurs diverses applications.** In-8 avec figures dans le texte; 1859.................... 5 fr.

MOIGNO (l'Abbé). — **Leçons de Calcul différentiel et de Calcul intégral**, rédigées d'après les méthodes et les ouvrages publiés ou inédits de *A.-L. Cauchy*. Tome IV, *premier fascicule*. — **Calcul des variations**, rédigé en collaboration avec M. *Lindelof*. In-8, 1861.......................... 6 fr.

†**MOUREY (C.-V.).** — **La vraie Théorie des Quantités négatives et des Quantités prétendues imaginaires.** 2e édition, in-12; 1861.... 2 fr. 50 c.

†**SERRET (J.-A.)**, Membre de l'Institut. — **Cours de Calcul différentiel et intégral.** 2 forts volumes in-8; 1868.......................... 22 fr.

†**STURM**, Membre de l'Institut. — **Cours d'Analyse de l'École Polytechnique.** 3e édition, revue et corrigée par M. *E. Prouhet*, Répétiteur d'Analyse à l'École Polytechnique. 2 vol. in-8 avec figures dans le texte; 1868..... 12 fr.

MÉCANIQUE APPLIQUÉE ET RATIONNELLE.

BELANGER (J.-B.). — **Traité de Cinématique.** 1 vol. in-8 de 288 pages avec planches; 1864 .... 8 fr.

BELANGER (J.-B.). — **Traité de la Dynamique d'un point matériel.** In-8 avec planche; 1864 .... 4 fr.

BELANGER (J.-B.). — **Traité de la Dynamique des systèmes matériels.** In-8, avec planches; 1866 .... 10 fr.

†**BENOIT (P.-M.-N.)**, Ingénieur civil. — **La Règle à Calcul expliquée, ou Guide du Calculateur à l'aide de la Règle logarithmique à tiroir.** Fort volume in-12, avec pl.; 1853 .... 5 fr.

La Règle à Calcul (*Instrument par Gravet-Lenoir*) se vend séparément. 6 fr.

†**BONNET (Ossian)**, Répétiteur à l'École Polytechnique. — **Leçons de Mécanique élémentaire**, à l'usage des candidats à l'École Polytechnique et à l'École Normale supérieure. *Première Partie* avec 135 figures intercalées dans le texte. In-8; 1858 .... 4 fr. 50 c.

†**BOUCHARLAT (J.-L.).** — **Éléments de Mécanique.** 4e édit.; 1 vol. in-8, avec planches; 1861 .... 8 fr.

†**BOUR (Edm.)**, Ingénieur des Mines. — **Cours de Mécanique et Machines**, professé à l'École Polytechnique.

Cinématique. In-8 avec Atlas de 30 planches in-4 gravées sur cuivre; 1865. 10 fr.

Statique et travail des forces dans les Machines à l'état de mouvement uniforme. In-8, avec Atlas de 8 planches in-4, gravées sur cuivre; 1868 .... 6 fr.

La *Dynamique* est sous presse.

†**BRESSE**, Professeur de Mécanique à l'École des Ponts et Chaussées, Répétiteur à l'École Polytechnique. — **Cours de Mécanique appliquée professé à l'École des Ponts et Chaussées.** 3 vol. in-8, et Atlas in-folio de 24 pl. 32 fr.

Chaque Partie se vend séparément.

Première Partie : *Résistance des Matériaux et Stabilité des Constructions.* — 2e édition, in-8, avec figures dans le texte; 1866 .... 8 fr.

Deuxième Partie : *Hydraulique.* — 2e édition, in-8, avec figures dans le texte et une planche; 1868 .... 8 fr.

Troisième Partie : *Calcul des Moments de flexion dans une poutre à plusieurs travées solidaires.* — In-8, avec planche et Atlas in-folio de 24 planches sur cuivre; 1865 .... 16 fr.

†**BRESSON (C.).** — **Traité élémentaire de Mécanique appliquée aux sciences physiques et aux arts.** (**Mécanique des corps solides.**) In-4 et Atlas de 18 planches doubles; 1842 .... 15 fr.

†**DENFER**, Chef des travaux graphiques à l'École centrale des Arts et Manufactures. — **Album de serrurerie**, conforme au cours de Constructions civiles professé à l'École centrale par *E. Muller*, et contenant *l'emploi du fer dans la maçonnerie et dans la charpente en bois, la charpente en fer, les ferrements des menuiseries en bois, la menuiserie en fer, les grosses fontes et articles divers de quincaillerie.* Grand in-4, contenant 100 belles planches lithog.; 1872. 13 fr.

†**DUHAMEL**, Membre de l'Institut. — **Cours de Mécanique.** 3e édition, 2 vol. in-8 avec planches; 1862-1863 .... 12 fr.

†**ERMEL**, Professeur à l'École centrale des Arts et Manufactures. — **Album des éléments et organes de Machines**, traités dans le Cours de constructions de Machines à l'École centrale; suivi de planches relatives aux Machines soufflantes, par M. *Jordan*, Professeur du Cours de Métallurgie. Portefeuille oblong, cartonné, contenant 19 planches de texte explicatif et 102 planches de dessins cotés; 1871 .... 13 fr.

†**GARNIER.** — **Leçons de Statique.** In-8, avec planches; 1811 .... 4 fr.

†**HATON DE LA GOUPILLIÈRE (J.-N.)**, Professeur de Mécanique à l'École des Mines. — **Traité théorique et pratique des Engrenages.** In-8 avec fig. dans le texte; 1861 .... 3 fr. 50 c.

†**HATON DE LA GOUPILLIÈRE (J.-N.).** — **Traité des Mécanismes**, renfermant la théorie géométrique des organes et celle des résistances passives. In-8 avec planches; 1864 .... 10 fr.

†**JULLIEN (le P.)**, de la Compagnie de Jésus. — **Problèmes de Mécanique rationnelle** disposés pour servir d'application aux principes enseignés dans les Cours. Cet ouvrage renferme les questions nouvellement introduites dans le Programme de la Licence et de nombreuses applications pratiques. 2 vol. in-8, avec figures dans le texte; 2e édition, revue et augmentée; 1866-1867. 15 fr.

†**LAGRANGE.** — **Mécanique analytique.** Troisième édition, revue, corrigée et annotée par M. *J. Bertrand*, Membre de l'Institut. 2 vol. in-4; 1855 .... 40 fr.

LAURENT (**H.**) — **Traité de Mécanique rationnelle**, à l'usage des Candidats à l'Agrégation et à la Licence. 2 vol. in-8, avec fig.; 1870 .... 12 fr.

***MAHISTRE.** — **Cours de Mécanique appliquée.** In-8, avec 211 figures dans le texte; 1858 .... 8 fr.

MOIGNO (l'Abbé). — **Leçons de Mécanique analytique**, rédigées principalement d'après les méthodes de *Cauchy*, et étendues aux travaux les plus récents. **Statique.** In-8, avec planches; 1868 .... 12 fr.

†**PIARRON DE MONDESIR**, Ingénieur des Ponts et Chaussées. — **Dialogues sur la Mécanique**, *Méthode nouvelle* pour l'Enseignement de cette science, résultats scientifiques nouveaux. In-8, avec fig. dans le texte; 1870 ... 6 fr.

†**POINSOT** (**L.**), Membre de l'Institut. — **Éléments de Statique**, suivis de quatre Mémoires. (*Ouvrage adopté pour l'Instruction publique.*) 10e édit., in-8, avec pl.; 1861 .... 6 fr.

†**POISSON** (**S.-D.**), Membre de l'Institut. — **Traité de Mécanique.** 2e édition, considérablement augmentée; 2 forts vol. in-8; 1833 .... 18 fr.

PONCELET, Membre de l'Institut. — **Introduction à la Mécanique industrielle, physique ou expérimentale.** 3e édition, publiée par M. *Kretz*, Ingénieur en chef des Manufactures de l'État. In-8 de 757 pages, avec 3 planches; 1870 .... 12 fr.

***PRESLE** (de), ancien Élève de l'École Polytechnique. — **Traité de Mécanique rationnelle.** In-8, avec 95 figures dans le texte; 1869 .... 5 fr.

†**RESAL** (**H.**), Ingénieur des Mines. — **Traité de Cinématique pure.** In-8, avec figures dans le texte; 1862 .... 6 fr.

†**RESAL** (**H.**). — **Éléments de Mécanique**, rédigés d'après les leçons de Mécanique physique professées à la Faculté des Sciences de Paris par M. Poncelet. Nouvelle édition, revue et corrigée. In-8 avec planches; 1862 .... 4 fr. 50 c.

†**STURM**, Membre de l'Institut. — **Cours de Mécanique de l'École Polytechnique**, publié, d'après le vœu de l'auteur, par M. *E. Prouhet*, Répétiteur à l'École Polytechnique. 2e édit., 2 vol. in-8 avec fig. dans le texte; 1868. 12 fr.

***VIEILLE** (**J.**), Inspecteur général de l'Instruction publique. — **Éléments de Mécanique**, rédigés conformément au Programme du nouveau plan d'études des Lycées. 2e édition, in-8, avec figures dans le texte; 1867 ... 4 fr. 50 c.

***VIEILLE** (**J.**). — **Cours complémentaire d'Analyse et de Mécanique rationnelle**, professé à l'École Normale. In-8, avec planches; 1851 .... 7 fr.

THÉORIE MÉCANIQUE DE LA CHALEUR.

†**BOURGET**, Directeur des études au Collége de Sainte-Barbe. — **Théorie mathématique des Machines à air chaud.** In-4, avec fig.; 1871 .... 4 fr.

†**BRIOT** (**Ch.**), Professeur suppléant à la Faculté des Sciences. — **Théorie mécanique de la Chaleur.** In-8, avec figures dans le texte; 1869 ... 7 fr. 50 c.

***DUPRÉ** (**Ath.**), Doyen de la Faculté des Sciences de Rennes. — **Théorie mécanique de la Chaleur** (Partie expérimentale en commun avec M. *Paul Dupré*). In-8, avec figures dans le texte; 1869 .... 8 fr.

COMBES, Membre de l'Institut. — **Exposé des principes de la Théorie mécanique de la chaleur et de ses applications principales.** In-8, avec fig.; 1867 .... 6 fr.

HIRN (**G.-A.**), Correspondant de l'Institut de France. — **Théorie mécanique de la Chaleur.** *Deuxième partie* : **Conséquences philosophiques et métaphysiques de la Thermodynamique** (*Analyse élémentaire de l'Univers*). 2e édition; grand in-8; 1868 .... 10 fr.

†**HIRN** (**G.-A.**). — **Mémoire sur la Thermodynamique.** In-8, avec 2 planches; 1867 .... 5 fr.

†**MOUTIER** (**J.**), Professeur au Collége Stanislas. — **Éléments de Thermodynamique.** In-18 jésus; 1872 .... 2 fr. 50 c.

SAINT-ROBERT (**Paul de**). — **Principes de Thermodynamique.** 2e édit. In-8, avec figures dans le texte; 1870 .... 15 fr.

†**REECH.** — **Théorie générale des effets dynamiques de la Chaleur.** In-4, avec planches, 1854 .... 6 fr.

TYNDALL. — **Chaleur et froid**; traduit de l'anglais par M. l'Abbé **Moigno.** In-18 jésus avec figures dans le texte; 1868.... 2 fr.

†**ZEUNER,** Professeur de Mécanique à l'École Polytechnique fédérale de Zurich. — **Théorie mécanique de la Chaleur,** avec ses APPLICATIONS AUX MACHINES. 2e édition, entièrement refondue, avec figures dans le texte et nombreux tableaux. Ouvrage traduit de l'allemand et augmenté d'un *Appendice* comprenant les travaux postérieurs à la publication du texte allemand, en particulier les importantes Recherches de M. Zeuner sur les propriétés de la vapeur d'eau surchauffée; par M. *M. Arnthal,* ancien Élève de l'École des Ponts et Chaussées, et M. *Ach. Cazin,* Professeur de Physique au Lycée Bonaparte. Un fort volume in-8; 1869.... 10 fr.

ASTRONOMIE ET COSMOGRAPHIE.

†**ANNUAIRE PUBLIÉ PAR LE BUREAU DES LONGITUDES** pour l'année **1872,** avec une Notice scientifique, par M. *Delaunay*. In-18. 1 fr. 25 c.

†**BABINET** (de l'Institut) — **Études et Lectures sur les Sciences d'observation et leurs applications pratiques.** 8 vol. in-12 sur papier fin. Chaque volume se vend séparément. 1855-1868.... 2 fr. 50 c.

BACH, Professeur au Lycée de Strasbourg. — **Calculs des Éclipses de Soleil par la Méthode des Projections.** In-8; 1860.... 2 fr.

†**BIOT,** Membre de l'Académie des Sciences. — **Traité élémentaire d'Astronomie physique,** 3e édition, corrigée et augmentée. 5 vol. in-8 avec 94 planches; 1857.... 65 fr.

†**CONNAISSANCE DES TEMPS** ou **DES MOUVEMENTS CÉLESTES,** publiée par le Bureau des Longitudes **pour les années 1872 et 1873 :**
Prix de chaque année : *Sans Additions*.... 3 fr. 50 c.
Avec Additions.... 6 fr. 50 c.

†**DELAMBRE,** Membre de l'Institut. — **Traité complet d'Astronomie théorique et pratique.** 3 vol. in-4, avec planches; 1814.... 40 fr.
— **Histoire de l'Astronomie ancienne.** 2 vol. in-4, avec pl.; 1817. 25 fr.
— **Histoire de l'Astronomie du moyen âge.** 1 vol. in-4, pl.; 1819. 20 fr.
— **Histoire de l'Astronomie moderne.** 2 vol. in-4, avec pl.; 1821. 30 fr.
— **Histoire de l'Astronomie au XVIIIe siècle**; publiée par *M. Mathieu,* Membre de l'Institut. In-4, avec planches, 1827.... 20 fr.

DELAUNAY (Ch.), Membre de l'Institut. — **Cours élémentaire d'Astronomie.** 5e édit., in-12, avec pl.; 1870.... 7 fr. 50

†**DIEN.** — **Atlas céleste,** contenant plus de 100 000 étoiles et nébuleuses. In-folio de 26 planches gravées sur cuivre, dont trois doubles, avec une *Introduction* par M. *Babinet,* Membre de l'Institut; 2e tirage, 1869.
Prix : Cartonné, toile pleine.... 35 fr.
Relié avec luxe, demi-chagrin.... 40 fr.

†**FRANCOEUR (L.-B.).** — **Uranographie, ou Traité élémentaire d'Astronomie,** à l'usage des personnes peu versées dans les Mathématiques, des Géographes, des Marins, des Ingénieurs, accompagnée de Planisphères. 6e édition. In-8, avec planches; 1853.... 10 fr.

†**FLAMMARION (Camille),** Astronome. — **Études et Lectures sur l'Astronomie.** In-12; tomes I et II, avec Cartes; 1867-1869.
Chaque volume se vend séparément.... 2 fr. 50 c.

***BRÜNNOW (F.),** Directeur de l'Observatoire de Dublin. — **Traité d'Astronomie sphérique et d'Astronomie pratique.** Édition française publiée par *E. Lucas,* Agrégé des Sciences mathématiques, Astronome adjoint à l'Observatoire de Paris, et *C. André,* Agrégé des Sciences physiques, Astronome adjoint à l'Observatoire de Paris; avec une Préface de M. *C. Wolf,* Astronome titulaire de l'Observatoire de Paris. 2 vol. in-8, avec figures.... 20 fr.
On vend séparément :
Première Partie (*Astronomie sphérique*); 1869.... 10 fr.
Seconde Partie (*Astronomie pratique*); 1872.... 10 fr.

†**GINOT-DESROIS (Mlle).** — **Description et usages du Calendrier astronomique perpétuel.** In-8 avec le **PLANISPHÈRE**; 1861.... 5 fr.

†**GINOT-DESROIS (Mlle).** — **Planisphère mobile,** au moyen duquel on peut apprendre l'Astronomie seul et sans le concours des Mathématiques. 7e édition; 1847, sur carton.... 4 fr.

†**HARANT** (**H.**) et **LAFFITE** (**P.**). — **Leçons de Cosmographie.** In-8, avec pl.; 1853 .... 3 fr. 50 c.

†**IMBARD.** — **De la Mesure du Temps, et Description de la Méridienne verticale portative du Temps vrai et du Temps moyen pour régler les pendules et les montres, etc.** 2e édition. In-18, avec pl. 1857 .... 1 fr.

†**LACROIX** (**S.-F.**). — **Introduction à la connaissance de la Sphère.** Nouvelle édition. In-18, avec pl.; 1872 .... 1 fr. 25 c.

†**LAPLACE.** — **Exposition du Système du Monde.** 6e édition, précédée de l'**Éloge de l'Auteur**, par *Fourier*. In-4, avec portrait; 1835 .... 15 fr.

†**LAPLACE.** — **Précis de l'Histoire de l'Astronomie.** 2e édit.; in-8; 1863. 3 fr.

***MATHIEU** (de la Drôme). — **De la Prédiction du Temps.** In-8; 2e édition; 1862 .... 2 fr.

†**PETIT** (**F.**), Directeur de l'Observatoire de Toulouse. — **Traité d'Astronomie pour les gens du monde,** avec des *Notes complémentaires* pour les Candidats au Baccalauréat et aux Écoles spéciales. 2 volumes in-18 jésus, avec 268 figures dans le texte et une Carte céleste; 1866 .... 7 fr.

***PONTÉCOULANT** (**G.** de), ancien élève de l'École Polytechnique, Colonel au corps d'État-Major. — **Théorie analytique du Système du Monde.** 2e éd., considérablement augmentée. 4 volumes in-8 et supplément .... 60 fr.

On vend séparément :

Tomes I et II, in-8; 1856 .... 18 fr.
Supplément aux livres II et V (1re édition) .... 2 fr. 50 c.
Supplément au livre VII; 1860 .... 2 fr. 50 c.

†**RESAL** (**H.**), Ingénieur des Mines, Docteur ès Sciences. — **Traité élémentaire de Mécanique céleste.** In-8 avec planche; 1865 .... 8 fr.

PHYSIQUE. — TÉLÉGRAPHIE.

†**BILLET**, Professeur de Physique à la Faculté des Sciences de Dijon. — **Traité d'Optique physique.** 2 forts volumes in-8, avec 14 planches renfermant 337 figures; 1858-1859 .... 15 fr.

†**CHEVALLIER** et **MÜNTZ.** — **Problèmes de Physique,** avec leurs solutions développées, à l'usage des Candidats au Baccalauréat ès Sciences et aux Écoles du Gouvernement. In-8, lithographié; 1872 .... 2 fr. 75 c.

***DU MONCEL** (**Th.**), Ingénieur électricien de l'Administration des Lignes télégraphiques. — **Traité théorique et pratique de Télégraphie électrique,** à l'usage des employés télégraphistes, des ingénieurs, des constructeurs et des inventeurs. Vol. in-8 de 642 pages, avec 156 figures dans le texte et 3 planches. Imprimé sur carré fin satiné; 1864 .... 10 fr.

***DU MONCEL** (**Th.**). — **Notice sur l'appareil d'induction électrique de Ruhmkorff,** suivie d'un *Mémoire sur les courants induits.* 5e édition. In-8, avec figures dans le texte; 1867 .... 7 fr. 50 c.

***DU MONCEL** (**Th.**). — **Notice sur le câble transatlantique.** In-8, illustré de 25 gravures; 1869 .... 1 fr. 50 c.

†**GRANDEAU.** — **Instruction pratique sur l'Analyse spectrale.** In-8, avec 2 planches sur cuivre et 1 planche chromolithographiée; 1863 .... 3 fr.

†**JAMIN** (**J.**), Professeur de Physique à l'École Polytechnique. — **Cours de Physique de l'École Polytechnique.** 2e édition, 3 vol. in-8 avec 943 figures dans le texte et 8 planches sur acier, 1868-1871. (*Ouvrage complet.*) .... 32 fr.

On vend séparément :

Le tome Ier .... 12 fr.
Les tomes II et III .... 20 fr.

JAMIN (**J.**). — **Petit Traité de Physique,** à l'usage des Établissements d'instruction, des Aspirants aux Baccalauréats et des Candidats aux Écoles du gouvernement. In-8, avec 686 figures dans le texte et un spectre en couleur; 1870. (*Ouvrage complet*) .... 8 fr.

†**LAMÉ** (**G.**), Membre de l'Institut. — **Leçons sur la Théorie analytique de la Chaleur.** In-8, avec figures dans le texte; 1861 .... 6 fr. 50 c.

MOUCHOT, Professeur au Lycée de Tours. — **La Chaleur solaire et ses applications industrielles.** In-8, avec 35 figures dans le texte; 1869 .... 3 fr.

†**PIERRE** (J.-I.), Correspondant de l'Institut (Académie des Sciences), Professeur à la Faculté des Sciences de Caen. — **Exercices sur la Physique, ou Recueil de questions susceptibles de faire l'objet de compositions écrites soit dans les classes supérieures des Lycées, soit aux examens du Baccalauréat ès Sciences, soit aux examens d'admission aux principales Écoles, avec l'indication des solutions.** 2e édit.; in-8, avec 4 planches; 1862. 4 fr.

*__SAINT-EDME__, Préparateur de Physique au Conservatoire des Arts et Métiers. — **L'Electricité appliquée aux Arts mécaniques, à la Marine, au Théâtre.** In-8, avec belles figures gravées sur bois, dans le texte; 1871. 4 fr.

†**SECCHI** (le P.), Directeur de l'Observatoire romain. — **Le Soleil**, Exposé des principales découvertes modernes sur la structure de cet astre, son influence sur l'Univers et ses relations avec les autres astres célestes. Un magnifique volume in-8, sur papier vélin, avec 129 figures dans le texte et 3 planches sur acier, dont 2 en couleur; 1870 .... 12 fr.

†**SENARMONT** (de). — **Traité de Cristallographie**; traduit de l'anglais de *Miller*. In-8, avec 12 planches; 1842 .... 5 fr.

†**TYNDALL** (John), Professeur à l'Institution royale et à l'École royale des Mines de la Grande-Bretagne. — **Le Son,** traduit de l'anglais et augmenté d'un Appendice par M. l'Abbé *Moigno*. Un beau volume in-8, orné de 171 figures dans le texte; 1869 .... 7 fr.

CHIMIE. — PHOTOGRAPHIE.

*__ANNUAIRE PHOTOGRAPHIQUE__, par *A. Davanne*. 6 volumes in-18; années 1864 à 1870.

On vend separément chaque volume :

Broché .... 1 fr. 75 c.
Cartonné .... 2 fr. 25 c.

*__BARRESWIL et DAVANNE.__ — **Chimie photographique**, contenant les éléments de Chimie expliqués par des exemples empruntés à la Photographie, les procédés de Photographie sur glace (collodion humide, sec ou albuminé), sur papiers, sur plaques; la manière de préparer soi-même, d'essayer, d'employer tous les réactifs, d'utiliser les résidus, etc.; 4e édition, revue, augmentée, et ornée de figures dans le texte. In-8; 1864 .... 8 fr. 50 c.

†**BASSET**, Professeur de Chimie appliquée. — **Précis de Chimie pratique, ou Éléments de Chimie vulgarisée.** In-18 jésus de 642 pages, avec figures dans le texte; 1861 .... 5 fr.

†**BERTHELOT** (Marcellin), Professeur de Chimie organique à l'École de Pharmacie et chargé de cours au Collége de France. — **Leçons sur les Méthodes générales de Synthèse en Chimie organique** (*Cours du Collége de France*). In-8; 1864 .... 8 fr.

†**BOUSSINGAULT,** Membre de l'Institut. — **Agronomie, Chimie agricole et Physiologie.** 2e *édition*. Tomes I, II, III et IV, in-8, avec planches sur cuivre et figures dans le texte; 1860-1861-1864-1868 .... 20 fr.

Chaque volume se vend séparément .... 5 fr.

†**CAHOURS** (Auguste), Examinateur de sortie pour la Chimie à l'Ecole Polytechnique. — **Traité de Chimie générale élémentaire**. Leçons professées à l'Ecole centrale des Arts et Manufactures. 2e édition. 3 vol. in-18 avec figures et planches; 1860. (*Autorisé par décision ministérielle.*) .... 12 fr.

On vend séparément chaque volume .... 4 fr.

*__DUPLAIS__ (aîné). — **Traité de la fabrication des liqueurs et de la distillation des alcools.** 3e édition, revue et augmentée par *Duplais jeune*. 2 volumes in-8, avec 14 planches; 1866 .... 16 fr.

*__FAVRE__ (P.-A.), Correspondant de l'Institut, Professeur à la Faculté de Marseille. — **Aide-Mémoire de Chimie à l'usage des Lycées et des établissements secondaires,** *rédigé conformément au Programme du Baccalauréat ès Sciences*. In-8, avec atlas de 14 planches renfermant 117 fig.; 1864. 5 fr.

†**GRANDEAU** (L.), Docteur ès Sciences, et **TROOST** (L.), Professeur de Physique et de Chimie au Lycée Bonaparte. — **Traité pratique d'Analyse chimique, par F. VOEHLER,** Associé étranger de l'Institut de France. — **Édition française,** publiée avec le concours de l'Auteur. 1 volume in-18 jésus, avec 76 figures dans le texte et une planche; 1866 .... 4 fr. 50 c.

LONCHAMP. — **Tableaux synoptiques de Chimie,** revus, augmentés et corrigés, conformément aux derniers Programmes du Baccalauréat ès Sciences et de l'Enseignement secondaire spécial. 3e édition. In-4, lithographié, cartonné; 1872 .... 6 fr.

***RUSSELL (C.).** — **Le Procédé au Tannin,** traduit de l'anglais par M. *Aimé Girard;* 2e édition entièrement refondue et renfermant la description des nouveaux procédés de préparation, de développement, etc. In-18 sur jésus, avec figures dans le texte; 1864 .... 2 fr. 50 c.

†**SAINTE-CLAIRE DEVILLE (H.),** Maître de Conférences à l'Ecole Normale, etc. — **De l'Aluminium. Ses propriétés, sa fabrication et ses applications.** In-8, avec planches; 1859 .... 3 fr. 50 c.

†**SALVÉTAT (A.),** Chef des travaux chimiques à la Manufacture de Sèvres. — **Leçons de Céramique** professées à l'Ecole centrale des Arts et Manufactures, ou **Technologie céramique,** comprenant les **Notions de Chimie, de Technologie et de Pyrotechnie applicables à la fabrication, à la synthèse, à l'analyse, à la décoration des poteries.** 2 vol. in-18, avec 479 figures dans le texte .... 12 fr.

†**SELLE (de),** Professeur à l'Ecole centrale des Arts et Manufactures. — **Cours de Minéralogie et de Géologie,** professé à l'Ecole centrale (d'après les Notes prises par les élèves). In-4, lithographié; 1871 .... 15 fr.

†**SCHEURER-KESTNER (A.).** — **Principes élémentaires de la Théorie chimique des Types, appliquée aux combinaisons organiques.** In-8; 1862 .... 2 fr.

TOPOGRAPHIE, GÉODÉSIE ET ARPENTAGE.

BRETON DE CHAMP (P.), Ingénieur des Ponts et Chaussées. — **Traité du Nivellement.** 3e édition .... (*Sous presse.*)

BRETON DE CHAMP. — **Traité du lever des plans et de l'arpentage.** Vol. in-8, avec 9 planches gravées sur cuivre; 1865 .... 7 fr. 50 c.

†**FRANCOEUR (L.-B.).** — **Traité de Géodésie,** comprenant la Topographie, l'Arpentage, le Nivellement, la Géomorphie terrestre et astronomique, la Construction des Cartes, la Navigation, augmenté de **Notes sur la mesure des bases,** par M. *Hossard.* 4e édition, in-8, avec 11 planches; 1865 .... 10 fr.

***LAUSSEDAT (A.),** Capitaine du Génie. — **Leçons sur l'Art de lever les Plans,** comprenant **les levers de terrain et de bâtiment, la pratique du nivellement ordinaire et le lever des courbes horizontales à l'aide des instruments les plus simples.** In-4, avec 10 pl.; 1861 .... 5 fr.

†**LEFÈVRE.** — **Abrégé du nouveau traité de l'Arpentage, ou Guide pratique et mémoratif de l'Arpenteur,** à l'usage des personnes qui n'ont point étudié la Géométrie. In 12, avec 18 planches, dont une coloriée .... 7 fr.

†**MARIE,** Professeur de Mathématiques et de Topographie. — **Principes du Dessin et du Lavis de la Carte topographique,** présentés d'une manière élémentaire et méthodique, et accompagnés de 9 modèles, dont 8 sont coloriés avec soin. 1 vol. in-4 oblong; 1825 .... 15 fr.

†**PUISSANT.** — **Traité de Géodésie,** ou Exposition des méthodes trigonométriques et astronomiques, applicables, soit à la mesure de la terre, soit à la confection du canevas des cartes et des plans topographiques. 3e édition, corrigée et augmentée; 2 vol. in-4, avec planches; 1842 .... 40 fr.

†**REGNAULT (J.-J.).** — **Traité de Géométrie pratique et d'Arpentage** comprenant les **Opérations graphiques** et de nombreuses **Applications aux Travaux de toute nature** à l'usage des Ecoles professionnelles, des Ecoles normales primaires, des Employés des Ponts et Chaussées, des Agents voyers, etc. 2e édition, revue et augmentée. In-8, avec 14 pl.; 1860 .... 5 fr.

***REGNAULT (J.-J.).** — **Cours pratique d'Arpentage** à l'usage des Instituteurs, des Élèves des Écoles primaires, des Propriétaires et des Cultivateurs. In-18, sur jésus, avec figures dans le texte; 1861 .... 1 fr. 50 c.

Ouvrage choisi en 1862 par le Ministre de l'Instruction publique pour les bibliothèques scolaires.

†**THOREL,** Géomètre de première classe du Cadastre du département de l'Oise. — **Arpentage et Géodésie pratique,** ouvrage dans lequel on peut apprendre le Système métrique, l'Arpentage, la Division des terres, la Trigonométrie rectiligne, le Levé des plans, la Gnomonique, etc. In-4, avec pl.; 1843. 4 fr.

TRAVAUX PUBLICS. — PONTS ET CHAUSSÉES.

†**BAUDUSSON.** — **Le Rapporteur exact, ou Tables des cordes de chaque angle, depuis une minute jusqu'à cent quatre-vingts degrés, pour un rayon de mille parties égales.** In-18, 4e édition; 1861.............. 2 fr.

†**BENOIT (P.-M.-N.)**, l'un des cinq fondateurs de l'École centrale des Arts et Manufactures. — **Guide du Meunier et du Constructeur de Moulins.** Ire Partie : **Construction des Moulins.** IIe Partie : **Meunerie.** 2 volumes in-8 de 900 pages, avec 22 planches contenant 638 figures; 1863...... 12 fr.

†**DARCY.** — **Recherches expérimentales relatives aux mouvements des eaux dans les tuyaux,** avec Tables relatives au débit des tuyaux de conduite. In-4, avec 12 planches; 1857.. 15 fr.

†**ENDRÈS (E.)**, ancien Élève de l'Ecole Polytechnique, Ingénieur des Ponts et Chaussées. — **Manuel du Conducteur des Ponts et Chaussées,** d'après le dernier *Programme officiel des examens.* Ouvrage indispensable aux Conducteurs et Employés secondaires des Ponts et Chaussées et des Compagnies de Chemins de fer, aux Agents voyers et à tous les Candidats à ces emplois. 4e édition, 2 vol. in-8, avec 652 figures dans le texte et 4 planches d'instruments dessinés et gravés d'après les meilleurs modèles; 1865.......................... 13 fr.

†**ENDRÈS (E.).** — **Vade-Mecum administratif de l'Entrepreneur des Ponts et Chaussées.** In-12; 1859.. 3 fr. 50 c.

***FREYCINET (Ch. de).** — **Des pentes économiques en chemins de fer.** *Recherches sur les dépenses des Rampes.* In-8; 1861.................... 6 fr.

***LEFORT (F.)**, Ingénieur en chef des Ponts et Chaussées. — **Tables des surfaces de déblai et de remblai, des largeurs d'emprise et des longueurs des talus,** relatives à un *chemin de fer à deux voies* ou à une *route de* 10 *mètres* de largeur entre fossés, pour des cotes sur l'axe de 0m à 15m, et pour des déclivités sur le profil transversal de 0m à 0m,25. Grand in-8, sur jésus; 1861.... 3 fr.

— **Tables** relatives à une *route de* 8 *mètres*, etc. Grand in-8 sur jésus; 1863.. 3 fr.

— **Tables** pour un *chemin de fer à une voie* ou à une *route de* 6 *mètres*, etc. Grand in-8 sur jésus; 1862.. 3 fr.

†**MEISSAS (N.)**, ancien Ingénieur du chemin de fer de Paris à Cherbourg. — **Tables pour servir aux études et à l'exécution des Chemins de fer, ainsi que dans tous les travaux où l'on fait usage du Cercle et de la Mesure des Angles.** *Ouvrage honoré de la Souscription des Ministres des Travaux publics, de l'Instruction publique, de la Guerre, de la Marine et de l'Algérie.* 2e édition. In-12 de 428 pages en tableaux, avec figures dans le texte; 1867........ 8 fr.

†**REGNAULT (J.-J.).** — **Manuel des Aspirants au grade d'Ingénieur des Ponts et Chaussées.** — **Guide du Conducteur des Ponts et Chaussées, de l'Agent voyer, du Garde du Génie et de l'Artillerie,** rédigé d'après le nouveau *Programme officiel.* 1re Partie (*Partie théorique*); 2 vol. in-8, avec planches.. 12 fr.

La 2e Partie (*Partie pratique*), 2 vol. avec pl., est épuisée.

†**WITH (Émile)**, Ingénieur civil. — **Manuel aide-mémoire du Constructeur de travaux publics et de machines,** comprenant le **Formulaire et les Données d'expérience de la construction.** 2e édition, in-12; 1861.. 2 fr. 50 c.

GUERRE ET MARINE.

BELLANGER (C.-A.), Professeur d'Hydrographie. — **Petit Catéchisme de machine à vapeur,** à l'usage des candidats aux grades de la marine de commerce et de toutes les personnes qui veulent acquérir sur ce sujet des notions élémentaires. Petit in-8 avec Atlas de 6 planches; 1866......... 3 fr. 50 c.

CHARDONNEAU (F.-J.-T.), Lieutenant de vaisseau. — **Guide du Marin sur la loi des Tempêtes.** Traduit de l'anglais de *H. Piddington,* Président de la Cour de Marine à Calcutta. 2e édition, in-8, avec planches et cartes; 1859. (Ouvrage honoré de la souscription de S. E. le Ministre de la Marine.). 10 fr.

CONSOLIN (B.), Professeur du Cours de Voilerie à Brest. — **Manuel du Voilier,** publié par ordre du Ministre de la Marine. Ouvrage approuvé pour l'instruction des Elèves de l'École Navale et pour celle des Voiliers des arsenaux. Grand in-8 sur jésus, de 528 pages et 11 planches; 1859.... 12 fr.

*__CONSOLIN__ (B.). — **Méthode pratique de la Coupe des voiles des navires et embarcations**, suivie de Tables graphiques facilitant les diverses opérations de la coupe, avec ou sans calcul. In-12 avec 3 planches; 1863........... 3 fr.

*__CONSOLIN__ (B.). — **L'Art de voiler les embarcations**, suivi d'un Aide-Mémoire de Voilerie. In-12 avec une grande planche; 1866.................. 2 fr.

D'ÉTROYAT (Ad.), Constructeur. — **Traité élémentaire d'Architecture navale.** 3 Parties in-4, avec Atlas de 29 planches in-folio; 2e édition, 1863.. 20 fr.

*__D'ÉTROYAT__ (Ad.). — **De la Carène du Navire et de l'Échelle de Solidité.** In-4, avec 5 planches; 1856... 4 fr.

D'ÉTROYAT (Ad.). — **Tables de mâture.** In-4, avec pl.; 1858....... 8 fr.

DUCOM. — **Cours complet d'observations nautiques,** avec les notions nécessaires au Pilotage et au Cabotage, augmenté de la puissance des effets des ouragans, typhons, tornados des régions tropicales. 3e éd.; 1859. 1 vol. in-8. 15 fr.

HOMMEY, Capitaine de frégate en retraite. — **Tables d'Angles horaires.** 2 vol. grand in-8, en tableaux; 1862.............................. 15 fr.

†**MÉMORIAL DE L'ARTILLERIE** ou **Recueil de Mémoires, expériences, observations et procédés relatifs au service de l'Artillerie**; *rédigé par les soins du* Comité d'Artillerie (no VIII). In-8 avec Atlas cart. de 24 pl.; 1867.. 12 fr.

MÉMORIAL DE L'OFFICIER DU GÉNIE; *rédigé par les soins du* Comité des Fortifications (no XVIII). In-8 avec 10 planches; 1868........... 25 fr.

†**POISSON.** — **Mémoire sur les déviations de la Boussole produites par le fer des vaisseaux.** In-8.. 3 fr.

†**QUARTIER DE RÉDUCTION ET ASTRONOMIQUE,** en usage dans la Marine. En feuille.. 50 c.
Collé sur carton.. 1 fr. 25 c.

GÉOGRAPHIE ET HISTOIRE.

*__OGER__ (F.), Professeur d'Histoire et de Géographie, Maître de Conférences au Collége Sainte-Barbe. — **Géographie de la France et Géographie générale, physique, militaire, historique, politique, administrative et statistique,** *rédigée conformément au Programme officiel,* à l'usage des Candidats aux Écoles du Gouvernement et aux aspirants aux Baccalauréats ès lettres et ès sciences. 4e édit., entièrement refondue pour la Géographie générale et mise au courant des derniers changements politiques et des plus récentes découvertes géographiques; vol. in-8, avec ATLAS de 23 cartes in-plano; 1868........ 10 fr.

On vend séparément :

Texte.. 3 fr.
Atlas.. 7 fr.

*__OGER__ (F.). — **Petit Atlas de Géographie générale,** à l'usage des Lycées et des Institutions, comprenant 9 cartes in-plano; 1866.............. 3 fr. 50 c.

*__OGER__ (F.). — **Histoire de France et Histoire générale,** depuis l'avénement de Louis XIV jusqu'à la chute de l'Empire (1643-1815). — *Cours de rhétorique,* rédigé conformément au Programme officiel. In-8; 1862............ 7 fr.

*__OGER__ (F.). — **Cours d'Histoire générale** à l'usage des Lycées, des Candidats à l'École militaire de Saint-Cyr et des aspirants aux Baccalauréats ès Lettres et ès Sciences, rédigé conformément aux Programmes officiels.

Ire Partie. — **Histoire ancienne et Histoire du moyen âge jusqu'en 1328.** *Cours de Troisième.* In-8; 1863......................... 3 fr. 50 c.

IIe Partie. — **Histoire du moyen âge et des temps modernes** depuis l'avénement des Valois jusqu'à la paix de Westphalie (1328-1648). *Cours de Seconde.* In-8; 1864.. 3 fr. 50 c.

IIIe Partie. — **Histoire moderne depuis l'avénement de Louis XIV jusqu'à nos jours (1643-1865).** *Cours de Philosophie et Cours préparatoire aux Écoles du Gouvernement.* In-8; 1866..................... 6 fr.

OUVRAGES DIVERS.

*__CAUCHY__ (le Baron Aug.), Membre de l'Académie des Sciences, **Sa vie et ses travaux,** par C.-A. Valson, Professeur à la Faculté des Sciences de Grenoble, avec une Préface de M. Hermite, Membre de l'Académie des Sciences. 2 vol. in-8; 1868 .... 8 fr.

*__LE TELLIER__ (le Dr Ed.). — **Nouveau système de Sténographie.** In 8 raisin, avec 37 planches; 1869.. 2 fr. 50

MOIGNO (l'Abbé). — **Actualités scientifiques :**

1° **Analyse spectrale des corps célestes**; par *Huggins*.......... 1 fr. 50 c.
2° **Calorescence. — Influence des couleurs**; par *Tyndall*...... 1 fr. 50 c.
3° **La Matière et la Force**; par *Tyndall*........................ 1 fr. 50 c.
4° **Les Éclairages modernes**; par l'Abbé *Moigno*.............. 2 fr. »
5° **Sept Leçons de Physique générale**; par *A. Cauchy*........ 1 fr. 50 c.
6° **Physique moléculaire**; par l'Abbé *Moigno*................. 2 fr. 50 c.
7° **Chaleur et Froid**; par *Tyndall*.............................. 2 fr. »
8° **Sur la Radiation**; par *Tyndall*.............................. 1 fr. 25 c.
9° **Sur la force de combinaison des atomes**; par *Hofmann*.... 1 fr. 25 c.
10° **Faraday inventeur**; par *Tyndall*.......................... 2 fr. »
11° **Saccharimétrie optique, chimique et mélassimétrique**; par l'Abbé *Moigno*.. 3 fr. 50 c.
12° **La Science anglaise, son bilan en 1868** (réunion à Norwich). 2 fr. 50 c.
13° **Mélanges de Physique et de Chimie pures et appliquées**; par *Frankland, Graham, Macquorn-Rankine, Perkin, Henri Sainte-Claire Deville, Tyndall*....................... 3 fr. 50 c.
14° **Les Aliments**; par *Letheby*................................. 3 fr. »
15° **Constitution de la Matière et ses mouvements**; par le *P. Leray*. 2 fr. »
16° **Esquisse historique de la Théorie dynamique de la chaleur**; par *Tait*.. 3 fr. 50 c.
17° **Théorie du Vélocipède**; par *Macquorn-Rankine*............ 1 fr. 25 c.
18° **Les Métamorphoses chimiques du Carbone**; par *Odling*.... 2 fr. »
19° **Programme d'un Cours en sept Leçons sur les Phénomènes et les Théories électriques**; par *Tyndall*................ 1 fr. 50 c.
20° **Géologie des Alpes et du tunnel des Alpes**; par *Élie de Beaumont* et *Sismonda*..................................... 2 fr.
21° **La Science anglaise, son bilan en 1869** (réunion à Exeter). 3 fr. 50 c.
22° **La Lumière**; par *Tyndall*.................................... 2 fr.
23° **Éléments de Thermodynamique**; par *Moutier*............ 2 fr. 50 c.

***MOTTEROZ**, Ouvrier imprimeur typographe. — **Essai sur les Gravures chimiques en relief**. In-8, avec 2 gravures spécimens; 1871...... 2 fr. 50

PASTEUR (L.), Membre de l'Institut. — **Etude sur la maladie des Vers à soie**, *moyen pratique assuré de la combattre et d'en prévenir le retour*. 2 beaux volumes grand in-8, avec figures dans le texte et 37 planches; 1870... 20 fr.

†**PASTEUR**, Membre de l'Institut. — **Études sur le Vinaigre**, sa fabrication, ses maladies, moyen de les prévenir; nouvelles observations sur la conservation des vins par la chaleur. Grand in-8, avec figures; 1868.......... 4 fr.

PUBLICATIONS PÉRIODIQUES.

†**ANNALES SCIENTIFIQUES DE L'ÉCOLE NORMALE SUPÉRIEURE.** In-4; paraît tous les deux mois. 2e série, t. I; 1872.
Prix de l'abonnement : Paris, 30 fr. — Départements, 35 fr.
Les 7 volumes de la 1re série, 1864-1870, se vendent............ 150 fr.

BULLETIN DE LA SOCIÉTÉ FRANÇAISE DE PHOTOGRAPHIE. Grand in-8; mensuel. 18e année; 1872.
Prix de l'abonnement : Paris et les départements, 12 fr. — Étranger, 15 fr.

†**BULLETIN DES SCIENCES MATHÉMATIQUES ET ASTRONOMIQUES**, rédigé par MM. Darboux et Hoüel, avec la collaboration de MM. *André, Lœwy, Painvin, Radau, Simon* et *Tisserand*, sous la direction de la Commission des hautes études. (Membres de la Commission : M. *Chasles* et MM. *Bertrand, Delaunay, Puiseux, Serret*.) Gr. in-8; mensuel. T. III; 1872.
Prix de l'abonnement : Paris, 15 fr. — Départements, 17 fr.

COMPTES RENDUS HEBDOMADAIRES DES SÉANCES DE L'ACADÉMIE DES SCIENCES. In-4. Tomes LXXIV et LXXV; 1872.
Prix de l'abonnement : Paris, 20 fr. — Départements, 30 fr.

†**JOURNAL DE MATHÉMATIQUES PURES ET APPLIQUÉES**, rédigé par M. *Liouville*. In-4; mensuel. 2e série, tome XVII; 1872.
Prix de l'abonnement : Paris, 30 fr. — Départements, 35 fr.

†**NOUVELLES ANNALES DE MATHÉMATIQUES**, rédigées par MM. *Gerono* et *Brisse*. In-8; mensuel. 2e série, tome XI; 1872.
Prix de l'abonnement : Paris, 15 fr. — Départements, 17 fr.

On se charge des abonnements à toutes les publications scientifiques de la France et de l'Étranger.

Paris. — Imprimerie de Gauthier-Villars, quai des Augustins, 55. (Avril 1872).

ERMEL, Professeur à l'École centrale des Arts et Manufactures. — [illegible] **des éléments et organes de machines**, traités dans le Cours de Construction des machines à l'École centrale des Arts et Manufactures; composé et dessiné sous la direction de M. ERMEL, Professeur du Cours, par M. FERNIQUE, Chef des Travaux graphiques et Répétiteur du même Cours; suivi de quelques planches relatives aux *Machines soufflantes*, d'après des documents fournis par M. JORDAN, Professeur du Cours de Métallurgie. Portefeuille oblong, cartonné, contenant 19 planches de texte explicatif ou tableaux, et 102 planches de dessins cotés .... [illegible] fr.

Détail des planches : Classification et propriétés des bois (Pl. 1 à 4). — Dimensions des bois du commerce. Poids d'un mètre cube des principales essences (Pl. 5). — Assemblages des bois (Pl. 6 à 10). — Ferrures (Pl. 11). — Tableaux des propriétés des métaux usuels (Pl. 12 et 13). — Outils de forge. Soudures. Rivures des tôles (Pl. 14 à 17). — Boulons. Écrous. Freins (Pl. 18 à 21). — Clefs (Pl. 22 et 23). — Clavettes d'arrêt (Pl. 24). — Joints d'assemblage. Joints de tuyaux (Pl. 25 à 28). — Garniture de tiges et de pistons (Pl. 29 et 30). — Robinets (Pl. 31 à 36). — Soupapes. Clapets. Pistons de pompe à eau (Pl. 37 à 46). — Pistons à vapeur. Joints de cylindre à vapeur (Pl. 47 à 50). — Bielles (Pl. 51 à 56). — Balanciers (Pl. 57 à 59). — Parallélogramme de Watt (Pl. 60 à 61). — Manivelles. Plateaux-manivelles. Excentriques (Pl. 62 à 64). — Arbres droits et coudés (Pl. 65 à 67). — Tourillons et pivots (Pl. 68). — Accouplement d'arbres (Pl. 69 à 70). — Guides de tiges de pistons (Pl. 71 à 72). — Paliers et supports (Pl. 73 à 79). — Paliers graisseurs (Pl. 80 et 81). — Chaises. Consoles. Transmissions (Pl. 82 à 90). — Crapaudines. Colliers graisseurs (Pl. 91 à 93). — Poulies (Pl. 94). — Engrenages (Pl. 95 et 96). — Volants (Pl. 97 à 99). — Modificateurs du mouvement (Pl. 100 à 104). — Pistons de machines soufflantes (Pl. 105 à 109). — *Résumé du Cours de Construction de machines* professé en 1re année à l'École centrale des Arts et Manufactures.

LABOSNE et **MARÉCHAL**, Professeurs de Mathématiques, et **PAINVIN**, Docteur ès Sciences mathématiques. — **Cours complet de Mathématiques**, à l'usage des aspirants au Baccalauréat ès Sciences et aux Écoles du Gouvernement, rédigé d'après les nouveaux *Programmes* et conformément à la dernière circulaire de M. le Ministre de l'Instruction publique. 1re partie, **Arithmétique**. In-12; 1855 .... 3 fr.

ZEUNER, Professeur de Mécanique à l'École Polytechnique fédérale de Zurich. — **Théorie mécanique de la Chaleur**, avec ses APPLICATIONS AUX MACHINES. 2e édition, entièrement refondue, avec figures dans le texte et nombreux tableaux. Ouvrage traduit de l'allemand et augmenté d'un *Appendice* comprenant les travaux postérieurs à la publication du texte allemand, en particulier les importantes Recherches de M. Zeuner sur les propriétés de la vapeur d'eau surchauffée, par M. *M. Arnthal*, ancien Élève de l'École des Ponts et Chaussées, et M. *Ach. Cazin*, Professeur de Physique au Lycée Condorcet. Un fort volume in-8; 1869 .... [illegible]

Cet Ouvrage diffère essentiellement de ceux qui ont été publiés jusqu'à ce jour sur la Théorie mécanique de la Chaleur. L'Auteur a voulu écrire un [illegible] destiné spécialement aux Ingénieurs et aux Physiciens. [illegible] diverses parties de la Mécanique appliquée qui ont quelque [illegible] Chaleur, et en particulier une théorie nouvelle de la Machine à vapeur. [illegible] tient de plus, sous une forme très simple, l'exposé complet des [illegible] Clapeyron, Clausius, Joule, Hirn, Mayer, Rankine, W. et J. Thomson [illegible]

Paris. — Imprimerie de GAUTHIER-VILLARS, quai des Augustins, [illegible]

www.ingramcontent.com/pod-product-compliance
Ingram Content Group UK Ltd.
Pitfield, Milton Keynes, MK11 3LW, UK
UKHW021202220726
13924UKWH00003B/1277